李欣频

-著-

北京联合出版公司
Beijing United Publishing Co.,Ltd.

图书在版编目（CIP）数据

人类木马程序 / 李欣频著. —北京：北京联合出版公司，2019.5

ISBN 978-7-5596-2996-8

Ⅰ. ①人… Ⅱ. ①李… Ⅲ. ①心理学－通俗读物 Ⅳ. ① B84-49

中国版本图书馆 CIP 数据核字（2019）第 046996 号

人类木马程序

作　　者：李欣频

选题策划：木晷文化

策划编辑：朱　笛

责任编辑：昝亚会　夏应鹏

特约编辑：师丽媛　杨思艺

营销编辑：金　颖　张睿珺　黄思维

封面设计：今亮后声

北京联合出版公司出版

（北京市西城区德外大街 83 号楼 9 层　100088）

北京嘉业印刷厂印刷　新华书店经销

字数 181 千字　880 毫米 ×1230 毫米　1/32　9 印张

2019 年 5 月第 1 版　2019 年 5 月第 1 次印刷

ISBN 978-7-5596-2996-8

定价：55.00 元

本书若有质量问题，请与本公司图书销售中心联系调换。电话：010－82069336

+ Contents 目录 +

自 序

49 岁给自己与这个世界的期中报告

2018 年 5 月 8 日清晨，我被窗外暴雨打在玻璃窗上的声音敲醒。今天是玛雅历蓝风暴波符之水晶白狗日，代表在暴风雨中清明洞悉并领悟无条件的大爱。说来也巧，《人类木马程序》的初稿就在此刻完成，在我自己出生的波符里。

21 岁进广告圈，28 岁出版第一本书——我的广告文案作品集《诚品副作用》，35 岁跌入人生低谷去印度修行，并写了《做自己的先知》，42 岁在北京大学拿到博士学位，49 岁完成了《人类木马程序》，这代表我的关注点三个阶段的蜕变：广告文案→心灵修行→人类大数据库，也是三十而立、四十而不惑、五十而知天命的过程。本书将带着我走向六十而耳顺的状态——无木马程序，所以不会再有任何人事物逆耳刺心。

早在 2012 年，我就在《心诚事享》一书中，以“木马程序”

来比喻人身陷困境难以自拔的状态。2014 年讲课时，我以更具深度且更全面的“木马程序”概念，解释了人类无止境“鬼打墙”的自苦循环。通过四年来的近百场演讲、课程、讲座，我累积了非常多的关于读者、学员、亲友以及自身的案例，终于在 2018 年开始专心写这本书。一口气完成了大约六万字的初稿后，我就去泰国“闭黑关”，紧接着到日本带队禅旅团，赴上海演讲，顺便参观了乌镇的木心美术馆，这三次“中断”浇灌给了我一些意外的灵感养分。加上花了数十小时回看自己过去四年的讲课影像，我几乎无止境地泡在自己的书稿里，每天都以为当天就是完稿日，却越写越多，就像是接了一个从云端永远“下载”不完的超级巨型人类数据库，边下载，边解压，边书写。而我的生活也只能随时配合这股“泄天机”般的灵感间歇泉，抱着电脑陪母亲去医院，带着电脑去旅行、剪发、吃饭，台北奇幻影展期间的空当也都沉浸在书稿中。这本书一直纠缠着不肯放我走，我好像整个人被“绑架”了，自己野放的木马变成完全控制不住的脱缰天马……到了五月中旬，书稿增修到了近十四万字，其过程就像是帮一个雕塑初坯细腻化它精微的神情。我真的爱上了自己的作品，舍不得写完，迟迟不肯交出终稿。

我在乌镇木心美术馆看到一句话：“寂寞无过于呆看恺撒大帝在儿童公园骑木马。”写书的过程就是如此，只能跟这本书在一起，拒绝了无数个与别人见面叙旧的聚会，每天都被这本书自带的一股宛如亚历山大想踏遍全世界的野心所牵引，拉着我的完美主义，边看边记录人类各种各样的木马程序，透过全景视野观察着自己与周围的人赖在旋转木马上不肯下来。这本书只有在自己找齐并分析完人类所有问题，在木马程序的万有理论完整后，才会自体分娩出生，才会放过我。

“下载”这部作品时，我也在同步深度扫描自己，一边找木马之毒，一边解毒（解读）。我仿佛是另类的考古人类学家，挖掘考察的同时也在问诊自己、疗愈自己。人类 4 大类 52 个模组的木马程序中，80% 我都中过，写书的过程中也觉察到自己有好几组木马程序正在发作。书中的每一个案例都是真有其人，但为了避免对号入座，都改了性别，或是隐匿了个人背景资料。

地球是“爱”的人间考场，也是道场，名利、财富、自我、家庭与人际关系、生老病死、美或丑、灾祸或幸福……都只是考试的题型，真正考的是：钱比较重要，还是爱比较重要？名声、面子、尊严比较重要，还是爱比较重要？外表、美丑、别人的看法比较重要，还是心中有爱比较重要？以及要在病痛时反思，自己被恐惧与恨占据了多少生命时间，离爱已经有多远了？

人生不是考对错，也不是考成败，而是在考爱的频率等级。《人类木马程序》就像人间剧场上方最大型的置顶探照灯，帮每个人在戏外开启“观察自己”的清明视点，一旦醒来就无法逆转。写此书的目的，不是要每个人都完全清除自己的木马程序（这样人间就无戏无趣了），而是在觉察到有哪些木马程序正在影响自己之后，可以随时中止、解除这场梦，或是用“玩家”的角度清醒且尽兴地玩。你也不需要去“叫醒”别人，或许他们还想多睡、多享受、多体验在梦境里的时间，所以不必忙着“拯救”他们（以免拯救世界模组出现）；若有人跟你求救，你可以准确地抛出救援线给他，至于对方是要实时上岸，还是想耽于沉浮再玩一会儿，都是他的自由，请千万不要控制、干扰别人的学习过程。所谓“不介入因果”，就是不要用你以为对的、好的方式去干涉他人自己设计的命运剧本。睡久了总有一天会醒，醒来之后如果感到无聊，可以随时入梦继续去玩，而那时的梦就不再是昏沉受苦的，而是清明精彩的。

文字自带光明，点亮了众人之路，也照亮了自己。这本书规模之庞大，让我也大开眼界，我曾把书稿给挚友罗小姐看，她迟迟没有看完，理由是这本书扫木马的威力十分强大，一边看，一边要停下来检视自己的木马程序，四个星期都没看完全书的1/5。她说没有书在这本书之外，这辈子此书足矣！

感谢朱笛在我一个字都还没写的情况下就签约的信任！谢谢梅姐帮我挡掉无数的人与事，一路护持我的闭关写作，一直小心翼翼地保护我的梦想。2018 年是我 48 周岁本命年，这本《人类木马程序》是我给自己和这个世界的期中报告。自此之后，另一个全新的生命维度将被打开，希望它也能带着你们一起跳出梦境，醒来就会发现：此时此地已是无所不在，与生俱来早已无所不能！

李欣频

第一章

如同计算机一样
人类也有木马程序

chapter one

大约在2014年，我开始讲授《梦想蓝图》，准备课件时，突然问了自己一个问题："为什么对于某些人而言，独立自主、创意梦想、天赋才华、财务自由是如此容易，但对于大部分的人而言，却非常困难？"即使我已经出版了《创意天龙八部》，巨细靡遗地讲授了人生创意方法学，仍有许多读者困在自己的"鬼打墙"中出不来。

后来我通过仔细研究数百位读者的来信，以及做一对一咨询，发现大家的问题居然差不多，绝大部分人似乎都中了**"集体木马程序"：认为自己不够好、不够美、不够健康、没人爱、没有天赋、不自由、钱不够多、没时间做自己喜欢的事，更惨的是连自己喜欢什么也不知道，老是事与愿违，找不到生命的意义与使命**……初步归纳，这些问题基本上是教育、社会、媒体三个因素共同导致的结果。于是，我开始研究计算机"木马程序"的概念，看看是否与我所谓的"人类集体木马程序"有对应性。

藏身于头脑中的人类木马程序

“木马”这个词源自希腊神话“特洛伊木马屠城记”（Trojan House）：攻城的希腊联军假装撤退后留下一匹木马，特洛伊人视它为战利品带进城中，当他们在庆祝胜利时，躲在木马肚子里的希腊士兵悄然出来开启了城门，援军进入，深夜突袭，成功夺下了特洛伊城。而“木马程序”的定义是：远程控制计算机软件的黑客工具，在用户不知情或是未经同意的情况下入侵计算机，在启动时破坏、修改数据，或使之无法运作。也就是说，计算机木马程序是以表面上看起来有用的软件，包藏恶意程序，从网络进入计算机系统后，在用户未注意的时间点启动，破坏或夺取个人私密数据，进而控制用户的整个计算机系统。

木马程序具有**隐蔽性**（很难被确定具体感染位置）与**非授权性**（控制端拥有大部分该用户的操作权限）两个特点。如果用这一定义来比喻“人类木马程序”，也是通用的：

1. 植入；
2. 受其控制、无自由意志、信以为真；
3. 无法正常运作。

绝大部分人的头脑中也埋藏着这样的木马程序，一如计算机中毒，人们会在毫无觉察的情况下被篡改潜意识、控制自主性与行为，在相同的情绪情境中一再受困，不断制造出无意识的“鬼打墙”，在不快乐与挣扎中轮回，而这些木马程序即是人生的框架。以电影《盗梦空间》(*Inception*)为例，inception就是“被植入信念”的意思，一旦被植入某组信念，那之后所有的决定都会以此模组的相应频率来反应，除非当事人发现，否则木马程序会控制整个人持续性死机，直到自毁崩盘。这就是法国数学家布莱兹·帕斯卡(Blaise Pascal)所说的：“人类的悲剧，始于无法独自坐在一个安静的房间里，因为疯狂会逼疯自己。”

举个简单的例子：一个女生老是嫌自己长得不够美，依她自己陈述，原因是母亲从小就对她说“长得不漂亮的人要更努力”。如果更客观且精确地回溯，事实可能是这个女生“以为”母亲觉得她不美，并将此放大成“大家都觉得她不美”，继而认定“自己不美”。母亲可能也曾说过她美，且远远超过说她不美的次数，但她早已内建“自己不美”的模组且根深蒂固，于是就会从母亲的万千话语中挑出疑似或近似“自己不美”的句子，来符合并加深这组木马程序。甚至有时候她完全听错母亲的原话，把“隔壁女生长得不美”听成“你长得不美”。**一旦有了木马程序，就非常容易断章取义、移花接木，把别人的话剪接成符合这组木马程序的概念**。唯有当她去问母亲为何要这样说她时，这组木马程序所造成的误会才有机会被当场打破；如果她隐忍未说并从此记恨一辈子，那么她将带着这组木马程序继续创造更多“自己被认为不美”的事件(非事实)。

还有另一个真实案例。我有个得了“被害妄想症”的同事，总觉得妈妈、哥哥、姐姐和身边的人要害他。除非他醒来看到“被害”

只是如虚拟电玩般的幻象，找到投影源头“我是何时开始觉得自己被害”，并决心不要再有这样的幻觉，否则这组木马程序会帮他继续创造更多人生被害大戏。就像一张投影片上有一个红点，在不被改动的情况下，无论投影在木头墙、水泥墙，还是大理石墙上，永远都会有个红点。很多人会怪罪自己的原生家庭，但同一个原生家庭可以有一百万种不同的应对方式，其结果也大不相同。试问，如果我们遇到像奥普拉曾经遇到过的生命事件，我们现在会如何？况且身边的人跟我们讲过亿万句话，怎么就把这句话作为自己的木马程序制造机？这些木马程序并非不可改写，只要用新的眼光重看这句话、另选一句话，或是自己重启设定就可以。

2018年4月，我带队日本禅旅团去看鸣门漩涡，有个团员在我旁边说：“好可怕，感觉就要被卷进去溺毙了。”我很惊讶地跟她说：“咦？我看到的是两股海水相见欢爱的美，感觉有种被强大的爱融化的激动！”

还有另外一个例子。我有个好友，他记得有一次在电视台，母亲抱着才两岁的妹妹上台一起接受采访，却没有抱他，从此中了“妈妈不爱他”的木马程序。之后他很努力地读书、工作、赚钱，让自己的成就比妹妹更大，觉得这样才能“赢”回妈妈的爱。我跟他说：“其实妈妈给你的礼物更大，正因为她没抱你上台，你才比妹妹更努力（因恐惧失去母爱而激发动力），现在是你自己上台接受媒体采访，妹妹反而没有。只有把时间、空间拉大，拉出视盲区，从这个点往回看，以正向而非负向的频率视野，才看得到这个礼物。你也才能看到爱始终就在那儿，从没有缺席过。若我现在问你，如果回到当时，让你选择被抱上台或是在台下，你会怎么选？”他想了想说：“对！如果让我选，我还是会选不被抱上台！”这就是他人生最初自定义的学习剧本、自己选的角色，但他遗忘了。

同样一件事，有人看到的是恐惧，有人看到的是爱。**外在世界是由我们的眼睛与心灵的频率决定的，改变自己的过去也代表未来将看到什么**。一个学员问我：“老师，请问要怎样做才能让自己的木马程序不会影响孩子？”我的回答是：“保持觉知，清除自己的木马程序，才不会影响孩子。”

觉察并破解木马程序，掌握自己的生命剧本

认知神经科学家迈克尔·加扎尼加（Michael Gazzaniga）的著作《谁说了算？自由意志的心理学解读》提到：“我们每天的选择，真的是自己决定的吗？当我们拥有一项信念，会胜过所有自主生理程序与实体。即使是错误的信念，也使得莎士比亚笔下的奥赛罗动手杀了他亲爱的妻子，让《双城记》里的卡顿自愿代替他的朋友上断头台，还表示这件事胜过他以往做过的任何事。”也就是说，当人们中了木马程序之后，很容易把这组木马设定成**最优先在乎的事**，比如，**“光耀门楣木马模组”**会把面子、尊严看得比自己、家人、爱人、朋

友……的生命与健康都重要，而且为了光耀门楣，即使做自己不喜欢的事也不在乎，这就是木马程序造成的**“不注意视盲”**（inattentional blindness），即看不见这组木马程序概念以外其他更重要、更明显的事。

在《为什么你没看见大猩猩？》这本书中，有一个非常经典的实验：请观影者仔细算出影片中两队球员间传球的次数。等影片播完，大约有半数的人没看到出现在影片中长达九秒、正在捶胸的大猩猩。是什么让大猩猩仿佛隐形了？这种感知上的错误，源自“对某个意料之外的物体缺乏注意力”。人们没有看到大猩猩，并不是因为眼睛有问题，而是把全部注意力都放在视觉某个特定区域或对象上，以至于没有注意到预期之外的事物，即使该事物外观抢眼、有可能很重要，而且就出现在他们的视线内。换句话说，实验里的受测者因为太注意计算传球次数，而导致“看不见”就站在眼前的大猩猩。这也是为何扒手很容易在人们没察觉的情况下，偷走贴身口袋里的钱包，甚至戴在手腕上的表，因为扒手已经掌握了这个人的“视盲区”，只要将视线引开，他就能在对方面前轻易取走想偷走的东西。这就是所有近身魔术的原理：魔术师靠你太近，让你看不到全貌。

也就是说，**木马程序会造成很大面积的“视盲区”，让你在不自觉的情况下，失去珍视且重要的人事物，甚至自己。**举例来说，社会集体价值与媒体在引导人们关注如何挣更多钱、某位明星的八卦绯闻时，偷走了我们的注意力与时间。通过看新闻来杀时间，时间也同时在杀我们，我们都忘了最重要的其实是自己与家人的健康、与家人相处的时间……它们已经在不知不觉中被木马程序偷走了。

回到《谁说了算？自由意志的心理学解读》这本书，以大脑认知神经学的专业术语来说，木马程序运用的就是错误的“解释器”：大脑对不了解的事物，会捏造、虚构、拼凑出符合该情况的合理答案，即使与事实真相天差地别，当事人也毫不自知或是不愿承认。如果换成我们熟悉的概念就是“杯弓蛇影”“草木皆兵”。若没有让当事人凑近去看到真相，他有可能因恐惧而止步于此。**因为过去的经验、信念形成的恐惧木马程序，造成了故步自封的“自囚”状态，这也是许多人抱怨自己不自由、无法随心所欲的原因。**

你决定成为什么样的人，决定了你将看到什么，信念以能量的方式存在，同时也以能量促其成真。我们的恐惧是被“教”出来的，就像鸡被制约久了不敢飞出无顶盖的鸡笼，从小被绳绑住的小象长大后不敢去挣脱一样。

纪录片《我们的孩子足够坚强吗？中式学校》（*Are Our Kids Tough Enough? Chinese School*）中举了一个例子：把食物放在一片玻璃之外，让鱼看得到却吃不到，在几次碰撞的挫败之后，就算把玻璃片拿掉，食物近在眼前，它也不觉得有能力吃得到。这就是被自己的挫败感打败的原理，如同把别人贬损我们的话语变成了拦住自己不再出去冒险的玻璃墙，这玻璃墙就是木马程序。

让我们用一个简单的方式来演示木马程序：如果现在放一首歌《茉莉花》，当前两句歌词“好一朵美丽的茉莉花，好一朵美丽的茉莉花”被唱出来时，你脑海中跑出的下一句是什么？这句歌词你几乎可以不假思索地唱出来：“芬芳美丽满枝丫，又香又白人人夸。”我们可以用《谁说了算？自由意志的心理学解读》中的说法来解释这种现象：快速与自动化的无意识处理过程，会取代耗时较久的意识处理方式，这种“无意识”如同木马程序的“隐蔽性”，很难被觉察。换句话说，**一旦当事人吸收了某一组概念为木马程序后，这组概念就会成为自动且快速无意识反应的根据，几乎很难被更改**。这也是美国科学家本杰明·富兰克林所说的：“世间有三样东西其坚无比：钢铁、钻石，以及自知之明。”

依据上面“歌词自动连唱”的原理，以“直觉联想法”搜出潜藏在意识底层的木马程序：比如一听到“爱情”两个字，你的第一反应、感觉、画面、字句、故事情节是什么？接着展开一系列联想，直到再也想不出来任何画面、字句、故事情节为止，然后看看这一连串频率，在**霍金斯意识能量层级表**（见表1-1）中属于哪一级？这些频率串联的方向性才是真正的核心关键，也可以说是导往正向或负向的方向盘。例如有人一听到“爱情”两个字，第一个联想到的就是“背叛”，再往下是“不可信”“不长久”“最终会失去”……**这一连串的频率是爱还是恐惧，就是这个人后续在面对“爱”时的反应发射器**。也就是说，若频率在200以下就属于木马程序范围，200以上就表示该“爱情”概念表面层上暂时没有木马程序。但这不代表潜意识层或无意识层没有木马程序，得透过“更出其不意、绕到理性意识墙背后”的问句来破门搜索。

关于人生各大类型木马程序的搜问句，都已放入《我丨镜》历（一年份完整版），我从这一年份的问句中摘出21天，放进随书附赠的《21天快筛清理木马程序主题手账》中，请大家从今天开始，启动“21天木马程序的扫毒软件”。

表 1-1　霍金斯意识能量层级表

第 1 级：开悟正觉 / 700~1000	第 10 级：骄傲轻蔑 / 175
第 2 级：安详极乐 / 600	第 11 级：愤怒仇恨 / 150
第 3 级：宁静喜悦 / 540	第 12 级：渴爱欲望 / 125
第 4 级：爱与崇敬 / 500	第 13 级：恐惧焦虑 / 100
第 5 级：理性谅解 / 400	第 14 级：忧伤懊悔 / 75
第 6 级：宽容原谅 / 350	第 15 级：冷漠绝望 / 50
第 7 级：希望乐观 / 310	第 16 级：罪恶谴责 / 30
第 8 级：中性信赖 / 250	第 17 级：羞愧耻辱 / 20
第 9 级：勇气肯定 / 200	

注：频率标度值 200，是一个人正负能量的分界点。

木马程序形成的原因不在于“发生了什么”，而在于人们“觉得并坚信自己发生了什么”所产生的负向感觉频率。如果中了木马程序，就相当于只注意“木马程序概念框架”里的人事物，对其他不符合这个概念的一律视而不见、听而不闻，继而以此负向频率投射并创造出自己一连串的人生悲剧，不知道该怎么帮自己从“鬼打墙”中脱困。

我们可以将其定义为“旋转木马：原地鬼打墙的无限循环”状态（见图1-1），我们小时候玩的木马（见图1-2）也是一样的概念。如果用驴蒙眼推磨（见图1-3）的概念就更精准了：蒙眼的驴以为自己一直在往前走，其实始终都在原地打转，哪里都去不了，只有把它的眼罩拿掉，它才会突然醒悟。爱因斯坦说，人最疯狂的事，就是一直重复做相同的事，却期待有不同的结果。这就是为什么**要解决任何一组人生问题，都必须先打掉“木马之墙”“旋转木马之柱”，或是把“鬼遮眼的眼罩”摘掉。因为只有这样，才能恢复“全观清晰视野”的觉醒，以及完全自由自主的“人生原厂设定”**。而有的人不愿意解除木马程序，抓着中了木马程序的信念不放，以为这对自己有好处，甚至有时还挺享受被木马程序转着玩的过程。那这也是个人的意愿，虽然不一定算是“自由意愿”。

我们与人工智能的差别，就在于我们能察觉到自己被植入了什么信念，而人工智能没有这个能力。也就是说，唯有发现自己被植入或自建了哪些木马程序，然后决定是否移除，我们才能对自己的生命剧本有完全的自主权。

图 1–1

图 1–2

图 1–3

第二章

+

人类木马程序的特征

—

chapter
two

依据上一章提及的几个木马程序的特点，我总结出六项“人类木马程序”的具体特征，包括：

1. 让人误以为是真的，以为是不可改变的真理、真相。

2. 让人只选择看到、听到与这组木马程序相符合的概念，不符合此概念的，既看不到，也听不到，可称为“不注意视盲、耳聋”。

3. 有竞争与评比标准，让人变得有压力，感觉能量萎缩、不开心、扭曲本貌、自责自己不够好，以为未来可以有一个“更好的自己”。所以当事人会抓着木马程序不放，也不愿改变，因为他以为这是可以激励让自己更好、不断前进向上的信念。

4. 想要达到的目标与内在潜藏的木马程序冲突却不自知，就像一支箭无法同时射向两个靶心，内心所欲与外在行为来回拉扯的“矛盾性”，导致梦想永远不会聚焦成真。（见图2-1）

图 2-1

5. 木马程序被内建成功后，当事人会无意识、不经思考地直接反应、说话、动作，但这些行为却越来越偏离自己真正想要的。而且中了一个主要模组之后，会导致自己的关系网络，包括家庭关系、伴侣关系、人际关系、工作事业、财富资源、身体健康……全方位联动出问题。

6. 让人从这组木马程序，开始启动一连串“追逐虚幻不实目标”的过程，无穷无尽直到崩盘或精疲力竭为止，这会浪费非常多的生命时间，甚至严重到自弃自毁。

下面就以上六个木马程序的特征，来一一详解。

第一个特征

让人误以为是真的，以为是不可改变的真理、真相。

电影《盗梦空间》中有一幕，当他们打算把一个信念植入对方的脑中时提到：一定要把信念藏进“正面的概念”里，才不会被对方“排斥”。也就是说，绝大部分的木马程序都被所谓的“正面信念”包裹着。我们从小被教育要往“正向”走，所以对于表面上看似正向的讯息没有警觉，木马程序通常不会被当事人的防御系统挡在外面，**这就是为什么“正面思考”很多时候反而变成了锁住自己的木马程序。**

美国著名企业家亨利·福特说：“不论你觉得自己行不行，你都是对的。”也正因为如此，在当事人坚信的理念中就能扫描出木马程序，例如座右铭、个人社交平台（如微信、微博）的个性签名、写在记事本或手机备忘录里激励自己的话、书中因认同而画线的句子、朗朗上口的金句或歌曲、喜欢的电影或戏剧对白……这些同时也是快速破解木马程序的途径。

举例来说，“吃得苦中苦，方为人上人”是很多人视为真理，也会拿来作为座右铭的句子。这句话表面上看很励志，鼓励我们要在艰苦中忍耐与坚持，但它其实暗藏着很多组木马程序。

不自信之择苦模组

眼前若有许多条路径，因为有“吃得苦中苦，方为人上人”的信念，他会很自然且无意识地选择比较困难的那条路走，对简单轻松的路不太信任。或者说他并不相信自己有能力可以轻松过关，总认为“天将降大任于斯人也，必先苦其心志，劳其筋骨，饿其体肤，空乏其身……”这样的人，总是随时随地创造出一连串“为难自己”的外在状况，抱怨自己的人生为何如此艰难——看似是外在困局先发生，然后拿“吃得苦中苦，方为人上人”来激励自己，但其实是他先设定且创造了“苦中自苦模组”的投影片，然后向外投射，显现出一连串与其频率相符的场景与事件。也就是说，**当事人在描述自己过去经历的事时，为此事所下的结论或注脚，就是原生问题之木马程序的初始设定，结果即起因。**

类似的例子还包括“你受的苦，总有一天会照亮你的路”。相信这句话的人也会无意识地选择比较“苦”的路，因为“苦＝光明”。我见过一个很特别的案例，当事人很喜欢看柯南与福尔摩斯的故事，喜欢“曲折离奇，陷于两难与胶着，然后柳暗花明又一村，最后真相大白”的解谜乐趣，所以她经常选择“崎岖的人生路径”，用最复杂的方式证明自己很聪明。有一次她忘了带插线板，于是以现有资源，用了各种方法，花一个多小时临时组合成了分插座，然后很得意地告诉我是怎么想到、办到的。我跟她说，我也忘了带插线板，但我打电话给前台请他们送一个来房间，前后只花了五分钟，然后利用这一个小时写完了一篇文案。这让我想起一个故事。NASA（美国国家航空航天局）的科学家在20世纪60年代太空竞赛高峰时期，因为钢笔无法在无重力的状况下书写，于是花费上百万美元，历经数年研发出一支无须重力拉引墨水的圆珠笔。知道这件事的苏联人给NASA寄了一封信，写道：“何不试试铅笔？”虽然NASA事后解释，铅笔笔尖容易断裂，在微重力的环境下四处飘浮，会对航天员或仪器造成损伤，而且铅笔可燃。但这个故事给了我们另一种思维方式：有时候我们花了太多时间、精力和金钱，去寻找一个比较麻烦的解决方案，但一个更完美、更简单、更便宜的答案往往就在我们眼前。正所谓“踏破铁鞋无觅处，得来全不费工夫”。

或许有人会问，在诸多路径中选择比较艰难的路，难道不是“勇敢”吗？这对于没有中“不自信之择苦木马程序”的人而言，选择什么路径都不会是问题，因为他的选择不是出于“选择轻松的路，就无法成为人上人”的焦虑与恐惧频率。也就是说，我们**无法以外在行为来判定此人是否中了木马程序，必须依据他的动机频率而定**。简言之，**没中木马程序的人，选择什么路径都是出于“正向、自由扩张、自主选择”的频率，而非“负向、害怕、恐惧失败与落后、能量萎缩、不得不这么选择”的频率**。或许两者的行为表现是一样的，但因为**所携带的频率天差地别，创造出的结果就完全不同**。就像是“自暴自弃”与“臣服随顺”，两者的行为表现都是不再积极行动，但前者的频率是在**霍金斯意识能量层级表**中的第15级（冷漠绝望），而后者的频率在第8级（中性信赖）以上（甚至可以拔高到第3级：宁静喜悦→第2级：安详极乐→第1级：开悟正觉）。**频率不同，后续吸引来的人事物就有天壤之别。**

这部分大家可延伸阅读《臣服实验》，作者在自序中提到：“臣服”这个词往往让人联想到“软弱”“认输”或“投降”，然而灵性上的臣服其实正好相反，它不是向某样事物屈服，而是有意识地放弃一部分自我（可以理解为放弃限制你的框架和木马程序）。假如放弃阻碍你成功的那个部分，学习臣服就成了一件非常有益的事。这也就是“臣服随顺”与“消极被动”差别的参考。

举个例子。眼前有两个人，一位带着“怨天尤人、自暴自弃且不信任他人”的频率，另一位敞开“信任与友善”的频率，如果你携带一个重要计划寻找合作伙伴，请问你会想找哪一位？这就是为何后者的合作机会与资源越来越多，而前者的怀疑与负向能量会让人退避三舍，因为恐惧影响并决定着他的选择——他们两人所相信的都是真的，他们的频率也正在创造不同的结果，也许两者表面行为上没有太大差异，但身边的人一定可以感受到能量之别。同理可证，自卑与谦逊、骄傲与自信、懒惰与放松、控制与负责任，差别就在频率。

怕落后模组

我们再继续深究“方为人上人”的概念，这是另一组常见的木马程序。**“怕落后模组”**就是怕输给别人、怕落后，因为一旦输了或是落后，就等同于“无价值”“不被关注”“不被爱”……这是绝大部分父母的焦虑，担心自己的孩子**“输在起跑线，将来会被人瞧不起，无法在这个社会好好生存”**，这是焦虑“孩子会活不好”导致的木马程序。常见的外在行为就是拼命帮孩子报各式各样的才艺班、补习班，请家教，买非常多的参考书，上学期间不准谈恋爱，大学毕业后就开始催婚逼婚……但焦虑的父母是否思考过，要**以哪一条路的起跑线为准？你确定你的孩子适合这条路，而且只有这条路吗？**如果这部分没看清楚、想清楚，那么逼孩子**努力往前跑，要跑去哪里呢？**这也是为何许多人从学校毕业后，就直接进入“茫然期”：不知道自己要不要继续考研，不知道做什么样的工作，更完全不知道自己的天赋何在。于是十多年的求学时间，全浪费在与自己人生无关的事上面，这就是**“怕落后模组”**所形成的“浪费宝贵生命时间”的后遗症。

有部印度电影《起跑线》（*Hindi Medium*），讲的是一个害怕孩子输在起跑线的母亲，千方百计想把孩子送进贵族名校。父亲说：“公立学校没什么不好啊，我们都是念公立学校的。”而母亲却说：“我们不够好，孩子不能像我们一样念公立学校，在那里什么都学不到。当别人用英语交流时，她会因英语不好而害怕与人沟通，从而导致她被孤立，甚至有可能因此不适应这个社会。假若她变得沮丧，甚至开始吸毒了怎么办？在印度，英语代表着阶级，进入这个阶级最好的方式，就是上一所好学校……”如果把她的话逐一拆解，就能非常明显地看到因恐惧而内建的木马程序：**认为自己不够好**（不自信模组），**所以害怕孩子也不够好**（焦虑未来 / 怕落后模组）。她误以为这是不可改变的真理，故而制造了一连串几乎无法收拾的瞎忙状态，最后又回到了原点：孩子回去念公立学校。他们最终领悟到了“念公立学校就会落后”这组木马程序的荒谬，但也付出了时间、金钱，甚至让别人受伤的代价。英国作家珍妮特·温特森（Jeanette Winterson）说得很好：“我们的习惯，尤其是我们的恐惧，决定了我们的选择，我们是自身推演的结果。”

我曾看到过一句话：“人生就像迷宫，只能往前，不能停在原地。”我们可以想一下，这句话有没有木马程序？迷宫大多数是没有屋顶的，所以你若不往前，可以往上，瞬间脱困。正如毛毛虫在2D，蝴蝶在3D，多了一个维度，找到出口，解决问题就在一瞬间；又如南泉救鹅的禅宗公案[①]，只要跳出原逻辑、原设定，瞬间就在牢笼、瓶颈之外了。

第二个特征

让人只选择看到、听到与这组木马程序相符合的概念，不符合此概念的，既看不到，也听不到，可称为“不注意视盲、耳聋”。

刚才提过，一旦中了木马程序，就会产生“不注意视盲、耳聋”，就像戴上了眼罩，进入**“旋转木马：原地鬼打墙之无限循环”**，也可以形容为“狗追咬自己的尾巴”。之前那位觉得自己不美的女生，接下来就会开始不相信别人会爱她，动不动就问爱她的男友：“你到底

① 宣州刺史陆亘大夫问南泉：“古人瓶中养一鹅，鹅渐长大，出瓶不得。如今不得毁瓶，不得损鹅，和尚作么生出得？”泉召大夫，陆应诺。泉曰：“出也。”陆从此开解，即礼谢。

喜欢我哪里？”如果男友没发现她中了“不自信”木马程序，回答：“你的眼睛很美！”那接下来就是一连串纠缠不放的质问：

“那你是说我的脸太大？”

“不会啊，你的脸哪有大！”

“真的吗？你不是在安慰我吧……那我的身材呢？”

“宝贝，你身材很好啊！”

“那你的意思是，你是因为我的身材才爱我的？哪天我变胖变老了，你就不爱我了？”

…………（后面省略数万字无穷无尽鬼打墙般的对话）

她已经从“觉得自己不够美”的不自信模组，扩大到“觉得自己不值得被爱”模组，只要对方发出不符合这组木马程序的频率，她就会处心积虑从对方口中找到证据来证明自己是对的。大家可以上网搜“泰国Peppermint Field（薄荷）通鼻剂”广告短片，这是一个中了“觉得自己不被爱”木马程序的女子，一直在找丈夫不爱她的证据。从旁观者的角度，可以清楚对照自己有没有中这组木马程序。

只要中了**“觉得自己不够好”**的木马程序，人际、感情、金钱等各方面就会开始自行运作出痛苦的生命剧情。因为她怕人靠近，人家进她就退，人家退她就进，不相信自己值得爱，会无意识地不信任他人，有意识地推掉爱。即使别人说她好，她也会自责、自卑，觉得自己不够好，这个信念不放过她，最终创造出自己的地狱。以色列女导演拉玛·布什顿（Rama Burshtein）的《穿墙行》（*The Wedding Plan*）就是这样的案例。电影中的女主角既想结婚，却又一直拒绝每位向她求婚的男人，她怀疑对方怎么可能爱上她。她拒绝求婚者的话都很经典："我不相信你会在这儿向我求婚，你是想玩我吗？我可是认真的。你不需要大老远跑来羞辱我，你好残忍，或许你觉得好玩，但我可是认真的，我要的是一生一次的永恒关系……"在她讲出一连串怀疑对方动机的话后，有几秒"奇迹时刻"，她突然清醒了："别相信我，话从我嘴里出来都是歪的……"正因为完全不相信对方会向她表达爱（因为曾被悔婚，从此不再相信会有人爱她），她无意识地想要以一连串违心之言打退对方，来证明她所想的"自己不够好，不值得被爱"是对的，这就是木马程序"自找麻烦、自寻苦恼，把爱扭曲成恐惧"的所在。

我在木马程序课上，曾以日本喜剧导演三谷幸喜的一部半自传电影《了不起的偷拍》中的一小段来剖析木马程序的第二个特征。电影中的导演在新片公映前非常焦虑，于是找饭店的女服务员先行观看这部影片，想听听她对电影的意见。导演与女服务员之间的对话如下。（见表 2–1）

表 2–1

电影对话	木马程序
导演：**我老是这样，一到关键时刻，心里满是不安。**	→ 焦虑模组
女服务员：可是你的电影真的超级有意思，相当有趣啊！	

（续表）

电影对话	木马程序
导演：我明白了，我会好好听你说的！但不知道为什么，我特别不安，会有观众吗？他们会看得开心吗？评论家会写什么？网上会怎么评论？**当然，也可能一下就摔到谷底了……**	→ 焦虑模组 → 看衰自己未来的自毁模组
女服务员：我觉得你不用担心！	
导演：虽然我知道不必担心，但还是担心啊！我现在最需要的就是自信，**关于这部电影的自信，以及我对于未来的自信**。我今天把你叫过来，就是想听听你对这部电影的感想。但我想听的是好的感想，你可千万别说让我丧气的话呀，绝对不行，绝对不许说！	→ 不自信模组
女服务员：好，我明白了！	
导演：我求你了，好吗？	→ 不自信模组 + 焦虑模组
女服务员：好！	
导演：那么我就以此为前提开始问，我的电影如何？	
女服务员：超级搞笑！	
导演：真的吗？搞笑吗？这样我就放心了……**但是，我有点怀疑**，难道是我想要你夸我，你才特意这样说的吗？	→ 不自信模组 → 怀疑模组

（续表）

电影对话	木马程序
女服务员：才不是呢，真的很搞笑！	
导演：**哪里搞笑了？**	→ 怀疑模组
女服务员：全都搞笑！	
导演：**不可能全都搞笑啊！**	→ 怀疑模组
女服务员：因为我一直笑个不停啊！	
导演：好，哪里搞笑？	
女服务员：首先是出租车那场戏……	
导演：对，我写剧本时就一直笑个不停！	
女服务员：还有法庭上跳舞那一段……	
导演：**那真是绝了。但我想让你说实话，比如中途你有没有觉得这电影好无聊之类的？**	→ 怀疑模组＋不自信模组演变为自毁模组 → 他一开始就认为自己的电影无聊，所以把这个默认想法（模组）投射给这位女服务员，想强制性地从她那儿得到印证，以证明自己的预设是对的
女服务员：没有啊！	
导演：绝对有！	→ 强制性地逼她，非要从她那儿得到“自己的电影无聊”的印证不可（他的内在模组），与之前希望她“绝对不能说让他丧气的话”（他的外在行为）相矛盾
女服务员：没有，真的全部都很搞笑！	

（续表）

电影对话	木马程序
导演：**你那样说，我就有点怀疑了！**	→ 继续回到怀疑模组
女服务员：真的超级搞笑！	
导演坐在女服务员面前，直盯着她说：那么，如果硬要你说的话，**你觉得电影哪里最无聊？**	→ 继续强制性地逼她
女服务员：那……硬要说的话，前半部分有点过长，如果早一点进入剧情就更好了！	→ 导演终于等到女服务员说出这句他一直想听的话，于是开始启动以下戏剧性的自毁模组
导演：啊！完蛋了！那不就是本质的问题吗？我的电影就是这样，总被批评前半部分太冗长。混蛋！各位，我又导了一部前半部分冗长的电影！抱歉！	→ 他一开始就认为自己的电影无聊，所以终于成功地逼女服务员说出近似的话。然后把她的话，扭曲成他已内建在自身模组里的想法
女服务员：不是啊，你的电影很搞笑，超级搞笑！	
导演：你也真是的，我都说了，**要鼓励我、赞美我**，你都说出这种话了，我能不沮丧吗？	→ 她之前已经说了很多次赞美的话，但因为与导演内建“自己电影不好”的模组不符，所以他完全没听进去。→不注意视盲、耳聋
女服务员：可是是导演你硬要我说的呀！	
导演：你可以不说的嘛！真是的！就算是硬要你说，你也不要说，你怎么不明白呢？！	

（续表）

电影对话	木马程序
女服务员：怎么这么无理！我办不到啊！	
导演：**你居然说电影前半部分无聊死了！**	→ 她没这么说，他只听到自己内在模组原设的版本
女服务员：**我可没这么说……**	→ 然后她再怎么解释都没用了。他反正听不进去与模组不一致的话
导演：**不行了，我好难受，我不公映了！**	→ 终于如木马程序所愿，完成了“自毁”的预设定

对以上对话所一一呈现出来的木马程序，可以很清楚地做个归纳：

不自信模组→焦虑模组→怀疑模组（怀疑自己也怀疑别人）→对方中计→启动默认的自毁模组

有个学员说她的主要问题是“行动力弱，想多做少”，她的座右铭是“不要当小巨人，要像婴儿那样对待自己”，这也是中了“不自信模组”的一个范例。

网上有部短片，有个女孩说：“我怕你们说我丑，所以先说自己丑；我怕你们说我胖，所以先说自己胖……”我们可以很容易地推测，她接下来期待别人的反应是：“不会啊，你很美、很瘦啊！”这才是她真正想要从别人那里得来的“肯定”。“先否定自己以赢得别人的赞美”的模式，事实上反映了第12级：渴爱欲望的频率。这样做产生的问题是：除了只会创造相应的频率之外，还把肯定自己的权利交到了对方手上，万一对方没给她所期待的答案呢？她岂不就崩溃了？

一旦你发现自己进入木马程序的循环，就要拔出耳塞、摘下眼罩，不带任何预设立场地全面探查事实与真相，并立即中断这组木马程序，不要浪费时间“说或听”来加深这组脑神经联结，这样才能救自己！如果你发现家里有个角落着火了，是会等到火烧光了全屋才灭火，还是立马动手灭火？在面对个案时，我会从对方的提问中找到他的主要木马程序，当我给完建议，只要听到他说“这个我知道，可是——”时，就会立即打断他，因为接下来的话都是木马程序的“自动化运作”，是他抓着木马程序不放也不想调整的借口。此外，我不得不打断对方还基于另一个用意：每讲完一次，大脑神经就加深一次联结，还会产生“有人在关注我”的感觉，这会给原有的木马程序灌注更多的能量，所以我必须狠狠地切断他，告诉他这里有火苗，我们要一起灭火。有趣的是，突然被打断的人，往往完全想不起来自己刚刚说了哪些话，这个方法我称之为“类惊吓解制约”①，也只有如此，才能把他们从无意识、不自知的重复循环中敲醒。但如果不是当面需要我帮忙解决问题的人，我是无权打扰他的梦的。

此外，我们可以将自己与身边亲友的对话录下来，然后把自己当

---

① 1924年列宁格勒（今圣彼得堡）大水灾期间，当洪水冲入动物实验室时，受惊吓的狗仍被关在笼子里，许多存活下来的狗，获救后就崩溃了。水灾前，巴甫洛夫已经训练好一组狗产生正向制约行为，水灾后他再测试这些狗，惊奇地发现测试失败，水灾时的惊吓与休克状态，似乎把他辛苦训练出来的条件反射冲走了，于是巴甫洛夫意外发现让狗“学习”的方法，即“洗脑”（brainwashing），在心理学上的专有名词是“消灭”（extinction）。

成客观的旁听者，最好拿着**霍金斯意识能量层级表**，一句一句地比对每一句话的能量是落在哪一个频率带中。然后通过不断重复说出来的词句，找出自己“鬼打墙”的木马程序，并将这组词句列为“扫毒关键词”。在电影《了不起的偷拍》中，导演的扫毒关键词就是“电影无聊、冗长”，只要他又跑出这样的想法，他的扫毒软件就可以实时发出警报，提醒他立即刹住这组要失控坠崖的木马程序，迅速更正错误码，以免无意识地直抵“自毁”的结果。

“不注意视盲、耳聋”的特征，多数是由**“不自信”的木马程序**导致的，经常会在**“完美主义／自我要求完美模组：因为觉得自己不够好，力求自身达到百分之百完美”**的人身上发现。例如，当在网上浏览关于自己的评论时，就算看到上千则赞美的留言，只要看到一则建议或批评就会非常抓狂，急欲抹去、漂白这则评论，甚至与对方辩解、争吵，麻烦一点的还会进入**控制、战斗**状态，或是开始受制于**“控制导致自毁”的木马程序**（例如从此不再创作、不再信任人）。有个女孩因为脸上长青春痘、身形较胖，觉得自己丑到无法见人，被周围的人一句漫不经心的话刺中了木马程序，失去了自我价值感、被爱的归属感，于是跳楼自杀，完全“没看到、没听到”父母亲友以及很多人爱她、觉得她很好的事实，这就是中了这组木马程序所导致的最糟结果。日本有一位知名作家，认为人应该像樱花一样，在最美的时刻落下、死去，这样别人就看不到他衰老的丑态，于是他选择在年轻时自杀。这就是被“完美木马模组”逼死自己的明显案例。

“完美木马模组”亦是“控制狂模组”的一种，他们怕失控，

怕无法让自己“永远年轻、俊帅、美丽、成功”，于是尽一切努力推迟老化，甚至控制自己在衰败前死亡的时间。当我们太在意外表，意味着我们看不到深度，殊不知**“生命的本质”是无法被控制的**，我们无法规定太阳何时升起、落下，无法调整风往哪里吹、风量大小，无法控制花何时开放、何时凋谢，更何况开花并不是花必须达到的既定目标。换一个角度思考，花谢就不美吗？人老了就不美吗？枯枝不美吗？当冬天树叶全掉光，只剩下光秃秃的枝干时，这就是树的本质。去掉头衔财富数字后的你还剩下什么？这就是你的本质。

“控制”是木马程序的基本原型，只要人企图“控制”，例如“人定胜天”“人是地球的主宰”……往往就会被“自然”反扑，或是被自己的控制欲控制一切。他最终会发现，自己无法控制生老病死，反而被“控制”控制了。就像佛陀的国王父亲尽最大努力不让他看到落叶、老者、病患、亡者，最后还是徒劳。这种情况如果严重，还会衍生成**“控制导致毁灭别人的木马程序”**，他会想消灭掉不符合“完美、纯种、纯粹”的人事物，而且偏执到很难叫醒。电影《不能犯》就是这样的例子，宇相欢正以眼神一一杀死逍遥法外的犯罪者，唯一能阻止他的方法就是杀死他，因为他不认为自己的信念有问题，甚至认为这样做是对整个世界好。也就是说，眼前所有不符合他标准的都是敌人，一旦成功消灭了周围所有的眼中钉，最大也是最终的敌人就是他自己。

请先问自己是否有能力侦测到这种“自毁性”意图，不让自己进入如电影《异类觉醒》《饥饿游戏》那样的集体无意识自毁中。已经严重到无法自救的大脑神经病变，可以借由生理治疗来紧急处理，轻微者则可以通过心理咨询等来解决，或是用旅行来放松，用冒险来转移偏执的焦点，有觉知地把这组木马程序强行中断。

第三个特征

有竞争与评比标准，让人变得有压力，感觉能量萎缩、不开心、扭曲本貌、自责自己不够好，以为未来可以有一个“更好的自己”。所以当事人会抓着木马程序不放，也不愿改变，因为他以为这是可以激励让自己更好、不断前进向上的信念。

把霍金斯意识能量层级表从200来作区分，200以上属于**爱、信任、勇气的正向频率带**，200以下属于**恐惧、怀疑、愤怒的负向频率带**。木马程序就是在**负向频率带**中起作用，**解除木马程序就是把能量频率转往正向频率带**。所以当我们在选择佳句、座右铭来激励自己的时候，我们可以用**“问自己”**的方法来扫毒：**“这是不是自己的木马程序？”**

以**“成为更好的自己”**为例：当选择“成为更好的自己”作为你的座右铭时，你是否觉得现在的你不够好，所以才要以此激励自己？“你觉得现在的你不够好”在**霍金斯意识能量层级表**中13～17这个区间：恐惧焦虑、忧伤懊悔、冷漠绝望、罪恶谴责、羞愧耻辱。携带这个区间的频率，只会创造与此频率相符或相应的结果。《量子跃变其实很简单》一文对此作了解释：“介质连续的一致性，即涟漪的波动投射，总是在重复共振先前选择的念头（意识走向=频率应和），最终形成了自己创造的现实、世界、宇宙。”

所以，当你带着“觉得自己不够好”的焦虑频率时，木马就会进入你心城中的洞缺，创造出各种让你花钱、花时间、花生命的开始。当你看到有一家美容整形公司以“爱上更美的自己”作为广告时，就可以很快扫描出这则广告正在吸引“对自己不满意，想让自己变美以赢得爱恋”的人前来。这也就是为何中了“觉得自己不够好”木马程序的人，会一直整形、健身，让自己变得更完美，或是不断去上各种课程、参加各种资格考试……从而让自己“从别人的角度看起来”如此成功完美。他们的座右铭通常是“没有最好，只有更好”，而结果通常是永无止境的整形，或是进入“一直上课→自责没时间消化→还没弄懂→然后再继续报名上课”的循环，真是路遥知“木马”力……我还见过因不断整形，或是不停去上课而导致负债累累的例子，我给他们的建议是：“**立即中止这种行为**，因为这就是焦虑永无止境的木马循环。”**从这些无意识行为的背后，通常可以看到一个共同根源：觉得自己不被爱**，不被父母爱，不被情人爱，不被周围的人爱，以为要让自己变得更好才会有人爱——但这就是缘木求鱼，因为爱不是从别人那儿讨来的，如果自己都无法“无条件接受并爱上现在的自己”，做再多“成为更好的自己”的外在努力，都无法填补内心的

“爱”“自我存在意义价值”的匮乏与空洞。

学员问我：“老师，当我在想‘成为更好的自己’时是开心的、充满自信的，这样的频率不是可以创造‘开心、自信’的实相吗？”

我的回答是：“一个已经觉得自己够好、很爱自己的人，需要去想‘成为更好的自己’吗？想要成为更好的自己的前提就是觉得自己不够好，这个前提才是真正的频率发射器。我换个方式来问你，在你已经做了很多你认为会让自己更好的事之后，在看到别人比你更好、更美、更优秀、更成功时，你感觉如何？”

她说：“我会很有挫败感，觉得自己还不够好。”

我说：“这就是让你永无止境逼自己变得更好的木马程序，因为永远比较不完，而你也不可能有‘终于成为最好的自己’的那一天。没有人永远在巅峰，山外有山，人外有人。所以，当你脑中又跑出‘只要做……就会更好’的木马关键词时，就直接切换成**‘我已经很好了，本自具足，完全不需要跟谁比较，不需要再做什么去变得更好，我以全然无条件信任自己、爱自己的频率，感谢我目前的一切’**。这个频率在第3级（宁静喜悦 / 540），而焦虑自己不够好的频率在第12级（渴爱欲望 / 125）、第13级（恐惧焦虑 / 100），前者在能量层次与维度上都高出很多。”

我常说，社交平台与修图软件是“不自信模组”的两大帮凶，人们可以借着修出最美的自己、展示美好幸福生活来虚构完美的自己，炫耀自己的假象生活，为的只是赢得点赞与羡慕。**这个完美与真实之**

间的缝隙，就是空虚、焦虑所产生的层出不穷的痛苦之所在，因为当人们修图时，会产生“自己怎么这么胖、这么黑、这么丑”，不能接受自己现貌的嫌恶频率。也就是说，问题不在这些行为上，而是那个“不喜欢真实的自己，把自己与生活修美以赢得别人喜爱”的频率，才是造成一连串身心与人际问题的起因，就像我们心情愉悦与否，照镜子反映的样貌会有天壤之别。有人一天会花上数小时修图，这些时间拿来运动、看书、创作、旅行都绰绰有余。试想，如果我们拿修图软件修大自然的动植物，就会看到大眼鸟、苗条象、白脸猴、粉肌花……

如果我们要抓出“成为更好的自己”的木马程序关键词，就是**“更好”**。凡是有“更”这个字的事物，绝大部分都已经中了木马程序，例如：更好、更美、更优秀、更富有、更有名、更健康……无论是跟自己比还是跟别人比，只要是比较就有标准，这**标准本身就是造成压力**（焦虑频率）**的木马程序**。就像把人分成“胜利/精英组”或是“失败/鲁蛇[①]组”，这就是无止境焦虑的来源，让我们以为有一个“更好的自己”在未来，仿佛驴蒙眼在原地推磨，或是西西弗斯推石上山进行永无止境又徒劳无功的任务。这也是中木马程序的人抓着木马程序不放，也不愿改变的原因，因为他以为这是激励自己向上、变得更好的信念，若就这样一路无觉知地“往高处爬”，总有一天，健康崩盘的身体会拖着他坠入人生谷底，使他被迫休息。

---

① 鲁蛇：英文“loser”（失败者）的谐音。

有一次，我在微信公众号上转发了一篇学员的文章，不到半天就有六千多次点击浏览，我很开心地告诉她，她却很失望地说："啊！才六千……"我才惊觉原来**人们不快乐的原因是被"数字"绑架了**，例如：忘了写文章的初衷是分享自己的体悟，而不是为了阅读量或销售排行榜；忘了画画的初衷是想把心中的意境画出来，而不是拍卖会上的成交金额；忘了弹琴是为了自娱娱人，而不是在竞赛中得奖；忘了健身是为了健康，而不是别人眼中的完美三围与肌肉线条；忘了房子是用来凝聚家人感情和与朋友聚会，而不是用大面积豪宅向外人炫耀……**有竞争，有数字的评比标准，会让中木马程序的人变得有压力，感觉能量萎缩、不开心、扭曲本貌、自责自己不够好，这样的频率就是产生问题的根源**。大自然中本无数字，我们可以想象一下，这世界没有度量衡的好处是什么：没有体重三围可以焦虑，没有分数业绩进度需要冲刺，没有目标方向所以可以有发散式的创意与想象力，没有时间压力导致过度劳累，没有财富榜可以比较……有了数字、度量衡之后，视野变得更窄、更不自由，马拉松跑道窄化了其他道路的可能性。再换个角度想象一下，如果大自然有人类的时间、比较、数字、标准、竞赛会怎样？太阳若没在这个时间上升就代表迟到，鱼没游到这个地方就代表不够努力，花没开到这个广度就代表不够美，熊超过这个体重就代表太胖，树没长到这个高度就代表不够优秀……所以要随时**注意那些引发我们负向情绪的念头，其中是否有竞争、比较、数字**的木马程序窄化了人生视野与版图。

第四个特征

想要达到的目标与内在潜藏的木马程序冲突却不自知，就像一支箭无法同时射向两个靶心，内在所欲与外在行为来回拉扯的“矛盾性”，导致梦想永远不会聚焦成真。

木马程序另一个非常明显的特征就是**“矛盾”**，往往这个矛盾会耗费人生百分之九十以上的能量时间。在电影《了不起的偷拍》导演与女服务员之间的对话中，“你可千万别说让我丧气的话呀，绝对不行，绝对不许说！”与“但我想让你说实话，比如中途你有没有觉得这电影好无聊之类的？”这两句话很明显出现矛盾，他的心口不一、言行不一，就如同计算机中了木马程序后，木马控制端与计算机用户之间的指令也会产生矛盾。**人一旦中了木马程序，内心真正想要的，与木马程序内建的方向会形成相违的状态**，而当事人浑然不知。

有个一直备孕未果的女学员，她与先生去检查身体都没有任何问题。我问她：“如果现在有了孩子，你最害怕什么？”她不假思索地说：“我怕失去自由。”她一说完，自己也很震惊：“啊，我懂了！我现在才发现自己内心还没准备好，谢谢老师！”她瞬间意识到自己的矛盾点，这矛盾点就是在两个不同频率之间来回摆荡与拉扯，就像一支箭无法同时射向两个靶心，以至于梦想很难聚焦成真。所以**“如果你的愿望成真了，你最害怕什么？”**这句话就是**搜出卡在你与愿望之间的木马程序的强力扫毒软件**。

有位学员说她想怀第二胎，试了很多年却一直没怀上，我问她微信头像和个性签名是什么，她说她的头像是跟儿子的合照，个性签名是“对你的爱独一无二，无人可取代”。我接着问她：“如果你是那个未来的孩子，看到照片与这句话，会想来这个家庭吗？”她想了想说：“好像不会，会怕自己不被爱。”我跟她说：“你要把爱的能量范围扩大，大到可以让新成员进入你爱的家庭圈，当然也要好好爱你的老公。只要你对爱不设限，眼前每个人都是你可以付出爱，或是无条件去爱的对象时，有没有第二胎其实已经不再重要了，因为这个频率才是你真正想要体验的。如果更深入地探索，你想再要一个小孩，或许潜意识里你希望重生，有个全新的自己，想让自己重新回到无条件的爱的状态。”也就是说，**愿望不在未来或者远方，而应该转向聆听内在真正渴求的声音**。以后当自己有“愿望”时，问自己：**我真正的动机是什么？我到底想要什么？我能把自己调整成已完成的频率状态吗？**

你可以拿出一个空白记事本，或是用我们随书附赠的《21天快筛清理木马程序主题手账》，随时记下电影、电视剧、书、文章、别人对你说的话中让你很有共鸣的部分，然后看一下与你内心真正想要的状态是否有矛盾之处。也可以用上述表格的分析法，找出家人、朋友、同事的话语中真正想要表达的意思、能量、频率，以及木马程序的矛盾点是什么，这样你就不必再被他们的话引出暴怒、沮丧、不悦的负向情绪。也就是说，你不会再被木马程序控制着“鬼打墙”。

木马程序最喜欢藏匿在目标、愿望、梦想中。你可以把历年来写过的梦想、愿望列出一张清单，然后与**霍金斯意识能量层级表**一一比对，当许这个愿望时，潜在的频率是哪一级？举例来说，你想要环游世界，假设现在就有一个免费环游世界的机会，你最害怕什么？有人会说："若现在请假，怕失去工作。"也有人会说："怕家里没人照顾。"事实上，**这些"害怕"的理由，才是卡住你无法旅行的真正原因**。就像是有人因为怕没伴所以许"希望有伴"的愿望，怕没钱所以许"要有财"的愿望……这个**"害怕没有"**的能量，就是与**"梦已成"**喜悦能量相反的**矛盾点**。所以面对这些"害怕"的原因时要真心问自己，是真的吗？还是只是你以为？这部分可以运用**拜伦·凯蒂"一念之转"四个问句："这是真的吗？我真的知道这是真的吗？当我一直持有这个想法时，我会得到什么？如果没有这个想法时，我会怎样？"**来帮自己厘清，这也是清除木马程序的方法之一。也就是说，**最终让你没去旅行的原因，跟"害怕"有关，跟有没有钱、有没有时间反而关系不大**，就像《孤独星球》（*Lonely Planet*）创始人托尼·惠勒所说的："当你决定出发时，旅行最困难的部分已经完成了。"

你因为害怕而不去做哪些事，哪些事就会列入死前的遗憾清单。现在请你列出**人生最想要完成的三个愿望，当你在想这三个愿望时，带着怎样的频率？**是爱、焦虑，还是恐惧？**如果完成了这些愿望，你最害怕什么？**会产生什么问题？如果愿望没有完成，你的频率会落在哪儿？这都是检查愿望中是否藏有木马程序最彻底的问法。

以我在木马程序课上与学员的深度问答为例。

学员：“我的愿望是公司每年让我们旅行四个月！”

我：“你为什么想要旅行？”

学员：“因为想要增广见闻。”

我：“增广见闻不一定要通过旅行，平常用不一样的创意眼光来看生活就可以做到，把频率调到‘正向频率带’上，与此频率相应的人事物自然会来。举例来说，我以创意观点写了一本《十四堂人生创意课》，后来有许多旅行社或企业愿意付机票、食宿和稿费，让我免费去旅行。也就是说，‘愿望’是你以为自己尚未实现，但其实只是你‘不注意视盲’，没看到资源早就在你身边；频率没调对，许愿就等于在家门外找家里的宝藏，也像是在错的地方挖矿，结果只会是徒劳与失望而已。只要把视野转向内而不是向外，就能一目了然你的本自具足，频率就能自然调成‘肯定、信任、乐观’，这些频率都在200之上，因而不再需要‘许愿’。这也是‘心诚事享’的频率：整合焦点，真诚入心，诚实面对自己。这个频率会让事情自动完成它自己，你只要信任与放松地享受它就行。若照原来许愿的方式，希望公司提供旅行，等于把主动创造权交给了公司，频率落到了匮乏的第12级（渴爱欲望/125），频率不同，结果也会不同。”

关于“厘清自己愿望”的源头频率，再举两个我与学员问答的例子。

学员A：“我的愿望是收入稳定。”

我：“你想要收入稳定，主要木马程序是‘没有安全感’‘控制’，你觉得有稳定的收入才有保障，但大自然没有‘稳定’的概念，每分每秒都在变化，万物却都活得很好。安全与自由本质上是两个相抵触的概念，就像动物园里的动物安全稳定，每天有人喂食，生病有医生，连交配对象都会定时送过来，根本不用为生活发愁，但是没有自由。很多人选择安全地待在‘笼子’里，却老是眼巴巴望着外面想要自由，殊不知，想要从安全到自由，我们必须相信自己的能力，拿回自己的决定权，并对自己百分之百负责。所以，你要解除‘没有安全感’‘控制’这两组木马程序，否则你不会允许不稳定的资源、金钱流向你，而且就算钱再多，也无法填补你的安全感缺失。”

学员B：“我的愿望是带家人出去玩。”

我：“你家人喜欢出去玩吗？”

学员B：“他们好像不喜欢出门，喜欢待在家。”

我：“所以你的愿望可以调整成‘多陪陪家人，以他们喜欢的方式’，而不是出去玩，因为出去玩是你的愿望，你可以先弄清楚再重新聚焦。我现在再问你，你为什么想出去玩？”

学员B：“因为工作与生活太无聊了，平常假日都待在家看电影、看书，久了就很无聊，所以想出去玩。”

我："你的主要木马程序就是**'内在空虚、失去自我的生存价值感'**，所以你无法跟自己完全独处。你以前总是拿书、电影来填补时间，现在则想以旅行来填补时间，挡在你与真实的自己之间，以逃避你跟自己完全独处的机会。如果让你完全闭关，什么事都不能做，你会非常焦虑这个时候该干什么。内在真正的洞缺，必须以自我填实它，而不是通过外在的人事物，否则做再多事都填补不了内在的空虚，只是在浪费时间躲避真实的自己，而你身边的人也会有压力。所以解除你的木马程序最快、最根本的方法就是找个地方闭关，完全面对自己，把频率从焦虑调到宁静，只有'头脑宁静清楚，内心安详喜悦'才是最好的频率。否则如果还是'心没有活在当下，头脑永远都想逃到未来'的频率，等你出去玩时就会想回家，等回家了又想出去旅行，一直在路上，一直找不到自己。”

学员 B：“请问怎么区分'逃避现实'与'勇敢出去冒险'？”

我：“差别就在于你是否带着焦虑的频率。你想去旅行，若一时半刻去不了，你会很焦虑，那就是逃避。带着焦虑频率去旅行，会创造一连串让你更焦虑的状况。我曾看到一句话：'对抗不安最好的方式，就是学习和旅行。'事实是，只要你原有的不安频率没有改变，生活、学习、旅行都会充满各种不安。想借着学习与旅行逃避内心不安是缘木求鱼，因为**行为无法改变频率，行为是从频率而来的，不仅无法解决问题，**

> **反而还会‘增生问题’**。若是勇敢地出去冒险，就算目前无法马上成行也完全不会焦虑，因为他把旅行前也视作旅程的一部分，开心地规划旅程、打包行李。”

透过你的愿望清单，以你最在乎的事为线索，找到最弱的空缺处，填实它，自然就不会再投射虚幻不实的目标。作为无止境追求的木马程序，当有人一直换版本想得到特定的结果时，这个“执着”就是游戏轮回永不终止的动力来源。直到你如电影《头号玩家》（*Ready Player One*）那样放弃向前的执着，逆转方向，才能找到跳脱游戏关卡的出口。

第五个特征

木马程序被内建成功后，当事人会无意识、不经思考地直接反应、说话、动作、行为，而越来越偏离自己真正想要的。而且中了一个主要模组之后，会导致自己的关系网络，包括家庭关系、伴侣关系、人际关系、工作事业、财富资源、身体健康……全方位都一起联动出问题。

透过科学实验我们已经得知，在我们作出“外在决定”前的十秒钟，潜意识已经帮我们作好决定了。意念早在行为之前就能被侦测到频率与能量，一切都无所遁形。

《任何人都会有的思考盲点》（*You Are Not So Smart*）一书中提到

了几个重要的名词，我们先来简单了解一下。

1. **肯证偏误：**每个躯体上的每个脑袋，都充斥着先入为主的想法，以及既定的思考模式。人们倾向于搜寻赞成自身看法的讯息，忽略唱反调的意见，这称为“肯证偏误”（“不注意视盲、耳聋”）。你书架上的书，计算机里放进“我的最爱”标签的文件，就是明证。

2. **生产线神游：**指的是生产作业员重复机械式动作时的精神抽离状态，在这个时候，意识开始游移，某项大脑活动进入自动导航模式。

3. **触发效应：**当过去的某个刺激影响了思想或行为，或是改变了你后续对于某项刺激的感受，就称为“触发效应”。每次感觉，都会在神经网络诱发一连串相关的念头：铅笔让你联想到圆珠笔，黑板让你联想到教室。触发效应只有在你未意识到它的情况下才会有效。

只要是对未到的未来预设“负向频率”，都是木马程序。一旦木马程序内建完毕，往往会使当事人形成“快速且自动化无意识”的处理方式，即上述的“肯证偏误”与“生产线神游”，这也是木马程序开始自动化运作的过程。除非当事人觉察并中止，否则就会以木马程序所发射的频率为聚焦目标，**来建构接下来的实相——我们的习惯就是我们自身推定的结果。**

但为何中木马程序的人，很难觉察自己已经进入“快速且自动化无意识处理过程”？因为他们多半以为**“一切都是自己自主且清醒地作决定”**，就如同《谁说了算？自由意志的心理学解读》一书中提到的：“我们都觉得有一个统一的、有意识的我，以自己的目的在行动，而且我们可以自由作出任何选择，几乎毫不受限。”但为何每一次“自主性”选择，却导向自己不想要的结果？可见中间一定有环节出了问题，如果当事人可以**暂时中止目前惯性的生活轨道，清醒地拔高视野维度，俯瞰从始至今的过程**，应该就可以找到那个一直制造错误的思维频率程序代码，也就能揪出木马程序，把人生导回自己真正想要的方向。

有一个刚失恋的学员来找我，在倾诉完痛苦之后，突然冒出一句：“我再也找不到比他更好的男人了！”我跟她说：“亲爱的，未来都还没来，你就设定了‘再也找不到’的结局，这真的是你想要的吗？这是你对未来投射木马程序限制性的高墙，它将会阻隔爱再度流向你。”所以再次提醒：**只要是对未到的未来预设“负向频率”，都是木马程序。**

此外，我遇到的绝大部分个案都有这样的现象：中了一个主要模组之后，会导致自己的关系网络，包括家庭关系、伴侣关系、人际关系、工作事业、财富资源、身体健康……全方位一起联动出问题。有个学员来找我，说受原生家庭的影响，她非常没有安全感，到哪儿都希望家人在身边，并且离她不能超过500米，这给她的家人及人际关系造成了很大的困扰。我告诉她，她的主要木马程序就是“恐惧、害怕”，她必须优先处理的是这组频率。然后她又继续说：“老师，我怕自己的钱会突然不见，不知道把钱存在哪个银行比较安全……我的视力不好，害怕眼睛会瞎掉……（以下省略十分钟一连串的“我怕”）”我说：“亲爱的，你中的就是‘恐惧失去’的木马程序，它就是投影源，投射到家庭，你就会害怕家人不见；投射到财富，你就会担心钱不见；投射到身体，你就会担心失去视力……以此类推，你担心‘会突然不见’的人事物多如繁星。若是你的眼镜上有个大黑点，无论你看哪个方向都会有黑点，只有把眼镜摘掉，把恐惧移除，才能看清周围本无障碍。我们不需要去处理恐惧如麻的每件小事，如果一个人感冒了，只需要把感冒治好，不必一一解决流鼻涕、咳嗽等每个小症状，对症下药就能一次解决。你人生全方位的问题，只要‘把恐惧的频率转为爱’就可以解决了。”

第六个特征

让人从这组木马程序，开始启动一连串“追逐虚幻不实目标”的过程，无穷无尽直到崩盘或精疲力竭为止，这会浪费非常多的生命时间，甚至严重到自弃自毁。

当事人一旦中了木马程序，会进入自动化生产线神游的状态，启动一连串“追逐虚幻不实目标”的过程。我有一个学员，她很小的时候父亲就离开了，为了不被别人瞧不起，她自小就非常努力，学习成绩保持在全班前几名；等到大学毕业进入社会，她非常积极地工作、学习，几乎所有能学的课她都学了，而且每年都给自己设立非常多的学习目标，但她的目标太多，以至于整年都在上课，根本没有休息与消化的时间。直到她生病住院，我去医院看她时，她居然还在病床上学习线上课程。认为自己不够好的她，已经中了**“打造最优秀的自己”**木马程序，就像马头上绑了一根吊着的胡萝卜，再怎么奔跑，也永远无法追到那根胡萝卜一样，直到筋疲力尽也永无让“最好的自己”来临那一刻。（见图2-2）

图 2-2

所以我问她："你最早是什么时候开始觉得自己不够好，需要拼命学习的？"她想了一下说："爸爸离家出走的那一天吧。我认为一定是自己不够好，爸爸才会离开我。"我问她："你上了那么多课，觉得自己有变好吗？"她说："上完课后会觉得自己变得比没上课前好，但是过了一阵子之后，就又回到'自己不够好'的状态，然后再去找课来上……"我再问："当你上完课感到自己有变好时，你觉得父亲会因此不再离开你吗？"她想了一下说："好像也不是这样……"于是她才明白，自己**内建了一个错误的木马程序：自己不够好**（不信任自己）**→父亲离家**（不信任亲人、不信任爱）**→自己要努力上各种课**（不信任自己）**让自己变得更好→父亲才会回家继续爱她**。

如果不是经过这一段对话，她可能很难发现自己已经被这组木马程序锁死了十多年。浪费了非常多的时间和金钱上各式各样的课程，自我感觉良好几天后，看到别的课程招生广告又被打回原形：觉得自己不够好，然后再继续报名……**"鬼打墙"般的旋转木马程序**，让她经常怀疑、指责自己与别人，她也不相信爱情，认为她爱的人总有一天会离开她，无意识地创造出更多不信任的局面。这就是《任何人都会有的思考盲点》一书中提到的："当人们在自动驾驶状态时，最容易接受暗示。"这也是许多互联网平台以引发**"你不够好，你还可以更好"**的焦虑感作为课程招生手段的原因——若能把追逐虚幻不实目标的时间，拿来做自己喜欢的事，以自信、喜悦的频率取代焦虑渴欲，人生会从此不一样。

在你察觉到自己或是别人又在重复“鬼打墙”般的话语与行为时，请先用**“是爱还是恐惧？”**来做初步筛检。举例来说，当我看到有学员报名了一堆课程，或是我的同一课程他已经连听三场，我就会问他：“你又来报名，是出于爱还是恐惧？”如果他的回答是：“怕自己落后。”那么“怕”就归属于“恐惧”的频率，那就是木马程序。如果他不假思索地回答：“上这个课很好玩，自己很开心，而且可以学到许多自己不知道的东西。”只要潜意识与无意识层也是一致的，那么初步“快筛”他没有木马程序。但因为潜意识与无意识层很难察觉，所以还有另一个**深度快筛法**，就是问他：“如果你不来上这个课，行吗？”若他会因为不上这个课感到不安、焦虑或是不开心，那么这也算是中了木马程序，因为他已经过度倚赖这个课给他的“开心学习”，逃避自己从内在找寻“开心学习”的根本源头。

在清除木马程序之前，所有“努力向前”都是在强大你的木马，直到你被耗光能量，完全被锁死。所以，请记好以上六个木马程序的特征，随时按下警觉铃，暂停并重新调频。从此时此刻觉醒，以更高维度重新决定，不要再让木马程序继续为你运作你不想要的人生！

第三章

+

人类木马程序的四大种类

chapter
three

霍金斯意识能量层级表以200来区分，200以上属于**爱、信任、勇气的正向频率带**，200以下属于**恐惧、怀疑、愤怒的负向频率带**，木马程序就是在**负向频率带**中起作用，解除木马程序就是把能量频率转向**正向频率带**。因此，最简单辨识、**快速筛检木马程序**的方法就是：**你现在的这个念头，准备要做的这个行为，最源头与最底层是出于爱还是恐惧？**爱与恐惧无法并存，就像是电灯的开关，你不可能同时开灯和关灯，也就是说，**“爱、信任、勇气的正向频率带”**与**“恐惧、怀疑、愤怒的负向频率带”**只能二选一。

负向频率

以“人无远虑，必有近忧”为例。这句话出自《论语·卫灵公》，意思是：人如果没有长远的考虑、忧虑、思虑，预防可能发生的事态变化，一定会出现眼前的忧患。但如果我们以霍金斯意识能量层级表来仔细分析，对未来“虑”的频率若是恐惧焦虑/100，那表示现在已经是这个频率了，“焦虑”的频率只会产生一连串的焦虑，人不在高维信任的状态，因而自动产生“近忧”。以能量频率学来看，这句话应该改为**“人有远虑，必有近忧”**。北京大学前校长林建华曾说过：“焦虑与质疑并不能创造价值，反而会阻碍我们迈向未来的脚步。能够让我们走向未来的，是坚定的信心、直面现实的勇气和直面未来的行动。”

类似“人无远虑，必有近忧”的例子如下。

害人之心不可有，防人之心不可无：可以很明显地看到这句话的关键词是“害”，对应关键词为“防”。我并不是要大家不做任何防备或防护，而是要注意，抱持这样的信念背后，如果带着“恐惧”的频率，后续会对自己造成怎样的影响。电影《天下无贼》是“害人之心不可有，防人之心不可无”的反例，大家可以从这个角度看这部片。

零极限（对不起、请原谅我、谢谢你、我爱你）：这是修·蓝博士用来清理自己与环境场的四句话。有位学员说她念这四句已经长达几个月，却不见效果，我仔细帮她分析后发现，她在讲这几句话时的频率不对，特别是在说“对不起、请原谅我”时带着自责、愧疚感，频率已经落到了罪恶谴责 / 30、羞愧耻辱 / 20。《未来预演》对此的说法是：“当你产生一个内疚的想法，就会号令你的身体产生特定化学物质来构成负罪感，内疚成瘾。如果你经常这么做，会让你的细胞泡在内疚的海洋中，最后造成身体需要更强烈的负面情绪才有活着的感觉，就像习惯在噪声中的人，需要更大的噪声才能引起他的注意。”也就是说，如果你带着罪恶感、羞愧的频率来说这四句话，投射出来的也只会是一样的频率。**木马程序不清理，你所做的事没有一件是你**

最后想要的状态。

所以我们可以修正**“零极限频率校准法”**：当我们在说“对不起、请原谅我”的时候，你的情绪与内在画面频率要调整在宽容原谅 / 350、理性谅解 / 400，以大爱的频率来感受心中的画面，重新覆写旧的记忆轨迹、脑神经连接、潜意识故事模组，这样才能用新的频率作为未来“反应与剧情的生成器”。如果你把旧的联结之路封了，但没建新的路与桥，就很有可能会再回到原轨道。

乐极生悲：如果你被内建了“乐极生悲”木马程序模组，最有可能产生的问题就是：你不敢太快乐，因为你怕太快乐的结果是“悲”，因为“正向频率带”与“负向频率带”只能二选一。

类似的矛盾频率还有：

离苦得乐：想要“离”苦的执念，带有“判断”何谓苦、“恐惧”苦的频率，本身就是痛苦的来源。

苦尽甘来：想要“甘”，所以先设了“苦”。

趋吉避凶：想要“避凶”的执念，带有“判断”何谓凶、“恐惧”凶的频率，本身就是痛苦的来源。

既期待又怕受伤害：这句话已中了“害怕”频率的木马程序。

阳光总在风雨后：跟“吃得苦中苦，方为人上人”有异曲同工之意，因为把阳光设在“风雨”后，所以会潜意识创造或选择“风雨”的状况、频率和路径。

正向频率

此外，我们来深度探讨一下“乐”的频率。奥地利神经学家、精神病学家维克多·弗兰克尔（Viktor Frankl）是一位纳粹屠杀下的犹太幸存者，他说：“正是对快乐的一味追求，阻碍了人们得到快乐，因为追求快乐相当于‘索取’，但过有意义的人生比快乐更重要。把自己全部力量和才能用于超越自我的事情，当人们没找到超越自我的人生意义时，他再怎么追求快乐、财富都不会成功（这就是“追求快乐与成功的虚幻高崖”），而过有意义的生活则是要做一位‘付出者’。”也就是说，“索求”的能量频率是“渴爱欲望”，与“喜悦、极乐”的频率有天壤之别。沙莲华曾说过：**“只要你想要和平，和平就离你越远。”**

如果大家去过寺庙，就能看到平安符多半是“财源滚滚”“心想事成”“学业有成”“身体健康”“阖家平安”“爱情姻缘”“世界和平”……可以问自己特别想求哪一个平安符，你所求的就是你匮乏与后续会产生问题的频率，然后再反问自己中了哪组人类木马程序而不自知。

接下来我把人类木马程序分成四大类别，并详述之。

人类木马程序的四大种类：

第一类：自我与人际关系的木马程序；

第二类：感情的木马程序；

第三类：关于天赋、梦想、金钱的木马程序；

第四类：导致身心疾病的木马程序。

第四章

自我与人际关系的木马程序及解法

chapter
four

木马程序的原型，从人一出生进入家庭人际关系就产生了，所以原生家庭是形塑木马程序的第一关。在亲子关系中，如果孩子感到没有充分被爱，他就会扭曲自己的本性本然，开始揣测并思考怎样才能让父母（或是教养者，以下统称为父母）关爱他。若父母本身有“不自信，觉得自己不够好”的木马程序，就会把“焦虑、担忧”的频率直接带入亲子关系中，这就是所谓的“望子成龙、望女成凤”木马程序，其关键词就在“望”，“期望”孩子比他们“更好”，这个“期望”就是框在孩子身上的马鞍、鞭策孩子的马鞭。孩子得照着期望走，因为他们害怕得不到父母的爱与照顾；倘若他们不愿意按父母的要求做，亲子之间就有数不尽的冲突。

在亲子教养中，父母最常使用的方式就是跟孩子谈条件：“如果你不先……你就不能……”例如：“如果你不乖乖把作业做好，就不能打游戏、看电视、出去玩……”殊不知，这样会使孩子建立**“不能自由做自己”的木马程序**。以下是我通过观察学员们的状况，归纳出的**木马程序的基本模组**。

父母对孩子说：除非你先做“我要求你必须做”的事，否则你不能随心所欲做你喜欢的事。

↓

孩子内建成：我没办法完全自由地做自己，我得先做完自己不喜欢做的事，才能做自己喜欢的事。

↓

经常导致孩子：我必须先去念父母要我念的科系，做他们希望我去做的工作。

→**顺应：**我顺利考上他们要我念的学校、科系。

→**争赢模组：**模组八

→我继续往下走，若这条路我实在走不下去，我也已经不知道自己能做什么。

↓

我顺利进入他们要我进的工作单位。

→**茫然模组：**模组一

→**不顺应：**我没考上他们要我念的学校、科系，没进入他们要我进的工作单位。

→我再试几次，若还是不行，就认为自己是失败者。

↓

→ **失败模组：**模组二

→ **害怕模组：** 模组三

→ **不自信 / 自卑模组：** 模组四

→ **反叛模组：** 模组六

规矩是用来打破的，决定走自己的路，

导致亲子关系紧张。

→坚持己见终于**成功模组**

→坚持己见却**不成功模组**

下面，我对“自我与人际关系木马程序”进行详细解析。

状态：对自己不自信，对外在环境不信任

正如亚历山大·劳埃德（Alexander Loyd）博士所说的：**人类的问题只有两种根源，一个是感到自己不重要，另一个是没有安全感。**人类亿万种问题，都不出这两类范围，而且有前者问题的男人为众，有后者问题的女人为多，于是衍生出一连串的感情问题、亲子问题、金钱问题、身心健康问题……疗愈的方法千百万种，但其实只需要“直接修复”这两个核心议题（生命地基）就行了，只要恢复自己原厂设定的“自信”（自我价值的认同）与“安全感”，所有问题都会瞬间消失。

起因：认为自己不被爱

觉得自己不被爱（包括：存在感不足模组）

↓

所以怀疑自己不够好

↓

→**怀疑并放弃自己之失败模组：** 茫然，自暴自弃，破罐破摔过一生，包括：茫然模组、失败模组、害怕模组、不自信模组。

→**怀疑并控制自己之成功模组：**

包括：抢快／抢先模组、争赢模组、反叛模组、控制狂模组，因孤独木马程序而形成的鹤立鸡群、高处不胜寒、救众生、救世界模组。

↓

严格控制、鞭策自己达到成功。

↓

以为成功实现目标之后，自己就会变好，就值得被爱。

↓

发现成就与名利填补不了内心的空缺。

自我与人际关系木马程序的十种模组与解法

下面一一分析自我与人际关系木马程序的十种模组及其破解方法。

模组一：茫然模组

不知道自己喜欢什么，能做什么。

影片《你经常管不动小孩吗？》里面有一幕情景：本来小孩坐在母亲腿上好好的，一旦母亲把他抱紧不让他乱动，他就开始哭闹，想要挣脱、逃离母亲。当父母想要控制、抓紧小孩，小孩就会努力脱离父母的控制，无论是当场反叛离家，还是先乖顺等长大再想办法远离父母。然而一旦脱离了父母的控制，反而不知道要去哪里，茫然没有目标，也不知道自己喜欢什么、能做什么，因为之前的生命时间都被“必须做什么”占满了。于是他们潜意识里会吸引另一个控制他们的伴侣或合作伙伴，再一次重复这组木马程序。

这就是非常典型的高度控制的父母和教育使孩子陷入“茫然模组”的模式：孩子无法自己作决定，不知道自己喜欢什么、能做什么。

案例 1

有一位学员说，她目前遇到的主要问题是：在高压力的科技行业工作，缺乏热情与行动力，很想辞职，但又怕离职之后找不到工作。

我问：“你父母亲经常对你说的话是什么？”

她说：“爸爸常说我抗压性够强，遇到困难别放弃；妈妈则常跟我发脾气，总是对我不满。”

我说：“因为你做什么妈妈都不满意，时间久了，你也不知道自己真正喜欢什么，加上爸爸跟你说‘你抗压性够强，遇到困难别放弃’，所以你潜意识就会去找难度高、压力大的工作，这样才会有‘存在感’。现在要不要辞职不是问题，问题是你还没找到自己真正喜欢做、想做的事。**离开旧版本不是问题，问题是你要去哪里？**所以你要花时间去探寻自己的天赋，重新找回你自己。”

案例 2

另一个学员说，她在一场大病休养好之后，好不容易离开工作十多年、人人称羡的银行出来创业，但尝试了几个行业，都做不久，不怎么成功。她问我她究竟能做什么。

我问：“你多少岁了？”

她答：“35 岁了。”

我问：“小时候父母对你做过哪件事，让你印象特别深刻？”

她答：“记得小时候有一次正在看电视，看我最喜欢的卡通节目，爸爸突然走过来，二话不说就拿起遥控器把电视关掉，说：‘你的作业还没做完，先去做完功课才能看电视！’”

我问：“你知道这件事跟你到现在还不知道自己喜欢做什么、能做什么有关系吗？”

她问：“为什么有关系？”

我说："当你正在做自己喜欢的事时，突然被打断，有人要你去做你目前还不想去做的事，几次下来之后，你就被内建：自己喜欢做的事做不久，很快就会被逼做别人觉得自己该做的事。这就是你搞不懂自己喜欢做什么，创业也做不久的原因，因为你绝大部分的时间都拿来做别人要你做的事，没时间去探索自己喜欢做什么，这就是**'茫然模组'**。如果你听他们的，将来若过不好就不能怪他们。现在你已经成年了，你得对自己的选择与决定百分之百地负责，不能把责任推给原生家庭。"

解法→所以你现在要重新来过，想象接下来才是你真正要过的人生，从此没有人会干涉你、给你意见，你自己说了算，就像小孩抓周，慢慢探索自己喜欢什么。究竟自己在做什么事的时候会乐此不疲、废寝忘食？然后在那件事上花时间，并享受这个过程。不需要去问任何人的意见，也不需要告诉父母，最重要的是，请先不要想成败。

茫然模组非常普遍，经常起因于"不自信"，一旦自信心不足，就不知道自己想做什么、能做什么，茫然无方向感。"自信"是一个人的核心，若地基没建立起来，其他一切都会联动出问题。把自己拉到高维度，一次处理最核心的问题，其他问题也就迎刃而解。

模组二：失败模组

《疗愈密码》（*The Healing Code*）作者亚历山大·劳埃德曾提到一个案例。

有一个女子去找他，说她总是在公司即将有一笔资金进来时，不知为何居然将之拒于门外，对于追求她的人也都以拒绝为多。作者问她，之前是否还有其他印象深刻的事。

她说："在一次重要的小提琴比赛前一天，我因腹泻无法出席比赛。"

他再问："小时候对父母印象最深刻的事是什么？"

她说："有一次我跟姐姐在吃饭，妈妈拿了一根棒棒糖对我们说：'谁先把饭吃完，这根棒棒糖就给谁。'结果姐姐抢先一步吃完，赢得了棒棒糖，我虽然已经尽了全力，但还是晚了一步。"

他说："这就是你从此中了'**失败模组**：无论再怎么努力都会失败'的起因，所以在之后的人生中，总在最关键的时刻让自己失败：比赛前一天身体出状况、拒绝求爱、拒绝资金……"

我们可以推测，或许姐姐也因此中了**"抢快模组：只要抢快，就会赢"**。

解法1→她必须解除"无论再怎么努力，都注定会失败"的模组，把过去那个"棒棒糖事件"**改写或重新诠释，重置挫败的版本**，不要把那件事直接定义成"自己永远都会失败"，可以用创意换一个有趣的新版诠释（改剧本），例如"吃慢点对胃比较好，没吃到棒棒糖对牙齿好……"否则她已内建的这组木马程序，会一直无意识地破坏她的人生。

解法2→把自己拉到高维度，与小时候的自己对话，把当初那种感觉不被爱、不被肯定的挫败、恐惧、愤怒的频率，调回到爱与信任，就像电影《匿名者》（*Anon*）那样重新编辑回顾视角、感觉与记忆版本，现在就做自己命运的改写者。

解法3→完成解法2后，往后若遇到有人跟过去的自己面临类似的问题时，可以无条件帮他，因为你帮“过去的自己”解决问题，未来的你就会遇到在关键时刻出手、救你脱困的贵人。这部分可以参看日本电影《解忧杂货店》。

模组三：害怕模组

恐惧有三个层次：

第一个层次：恐惧事情本身；

第二个层次：害怕面对恐惧背后的创伤；

第三个层次：恐惧是内在的投射——缺乏安全感，内在匮乏，它是你灵魂功课的真实写照。（引自：大风号网站）

通常管教严格的父母，若小孩不是叛逆型，很容易形成另一种极端——完全温驯，久而久之无法自己作决定，因为父母会帮他作决定。所以在这些孩子身上不仅容易出现“茫然模组”，有时也容易出现“害怕模组”，他们的口头禅就是“我怕……”。

有一次我跟一个学员约在一家商场吃饭，不知道该在哪个入口见面，用手机微信沟通了很多次，最后终于见着了。她一见到我，就一连串地说：“我**怕**找不到你，**怕**你等太久，**怕**你还没吃饭会很饿……”才讲三句话，就接连出现三次**“怕”**字。

我跟她说：“亲爱的，你的关键木马程序就在‘怕’这个字，你为何那么害怕别人不开心，或是害怕别人不喜欢你？”她才发现自己的大半生命时间原来都被锁在“害怕”这个木马程序上了。

解法→平常要聆听**自己经常重复在说的词是什么**，可以用录音笔录下今天的所言、所思、所行，回放一下就能轻易发现；或是问身边的密友或家人，自己的口头禅是什么，就能很快找到你关键的木马程序。

“害怕”是人类木马程序中最常见的模组，绝大部分父母都有这个木马程序，特别是女人：怕自己没法怀孕、怀了孕怕生不出来、生出来了怕不健全、怕孩子生病、怕孩子出意外、怕失去孩子、怕孩子在学校跟不上、怕老师同学不喜欢孩子、怕孩子被欺负、怕孩子将来没人照顾、怕孩子过不好……这些无止境的焦虑频率让孩子不敢冒险，躲在安全的地方不敢自由做自己，不敢太优秀以免树大招风，久而久之，变得没有自信，缺乏自我价值感。许多父母的爱已经被木马程序转化成恐惧频率，以唠叨、威胁、恐吓的方式逼孩子听话。曾有孩子发信息跟母亲说：“妈妈，我爱你！”妈妈非常紧张地回复说：“发生了什么事？你可千万别想不开啊！”这位妈妈已经把爱连接到恐惧上，除非解除，否则这无止境的焦虑会给家人造成紧张与压力。

恐高并不是怕高，而是怕摔下来。当我们已经是成年人时，要试着把恐惧看深一点，大胆面对它、转换它。现在请你写下**你怕在谁面前失败、出糗**，同时也写下**十件令你恐惧、担忧、感到自己受局限的事，然后深究：这些是从哪儿来的？**当你想到这些时，你的能量频率如何？有感觉到压力吗？举例来说，有位学员说她很怕黑。每个人怕黑的程度及理由有千百万种，其中一种就是“怕未知”，因为“未知”不可见也不可控，这个恐惧的频率会导致不敢冒险，不敢对未来敞开所有的可能性。所以要打破这个木马程序，可以告诉自己：“怕黑，那你岂不是白白地活着？”（红舌狗黑啤酒广告语）还有人怕黑，是因为小时候父母以将他关进黑暗中作为惩罚，所以黑暗联结到了恐惧。

如果你怕高，可以请你信任的人陪你走玻璃栈道或是坐摩天轮，以开心冒险替换担忧恐惧的频率。所以请**找出自己害怕的人事物，这些都是围困你已久的木马程序之墙**，以电影《分歧者：异类觉醒》（*Divergent*）的“一指点破玻璃法”，瞬间脱困！

模组四：不自信/自卑模组

在所有的木马程序中，最多人中的就是不自信模组，这也是最能制造各种限制与问题的木马程序。

中这组木马程序的人，口头禅是：**我可以吗？我真的可以吗？我不行吧！我试试慢慢跟上**……他们对自己所做的一切很没信心，所以会把想到一半的梦想、做到一半的计划或是作品拿给别人看，潜意识中想要从别人那里得到支持与肯定。试问，如果别人不看好，你就不做了吗？

一个学员跟我说，他也是老师，他的课学生们都很喜欢、认同。我跟他说，学生喜不喜欢、认不认同，真的不重要。当你有自信、自我负责时，就不会在乎别人的评价，就像我从没想过要去跟我的老师说“我的学员很喜欢我”，我也不需要从老师那里获得肯定。因为自己肯定自己是最重要的，而且已经足够了，这就是我在49岁生日时领悟到的：如果你不肯定自己，就算全世界都说你很棒，你都不会信；如果你衷心肯定自己，就算全世界说你很糟，你也不会信！

渴求别人认可的频率才是问题的根源，因为自信往往是一件事能否成功的关键频率。没有自信，作品还没出去就被自己否定了，就连霍金斯意识能量层级表正向频率带最基本的标准：勇气肯定 / 200都达不到。要辨认出这个模组很简单，若常觉得别人很骄傲，总是遇到“看不起你”“瞧不起你”“不尊重你”的人，或是怕自己被别人洗脑，就表示你内在有“不自信”“恐惧失去自己”，甚至“自卑”的木马程序。因为如果一个人的底气够，知道尊重是来自自己而不是别人，别人的态度就不会有任何伤到你自尊的可能。

有时别人的自信也会刺激出不自信/自卑者的木马程序，他们认为这些人太骄傲，也经常觉得自己被瞧不起，但自我的价值应由自己来决定，与别人无关。通常“不自信/自卑模组”来自“控制狂”父母或老师的影响，小孩在这样的教育影响下会觉得：“反正我说什么他们都不听，全都是我的错，他们永远觉得我什么都做不好，那他们决定就好。”久了就没有自己的主见，你说东他说对，你说西他也说对，想要讨好大家，怕身边的人不高兴。一个想讨好每个人的人，会让别人感到“有所求”的压力，结果反而都不喜欢他，因为他也不喜欢自己。电影《最佳次品》里有句经典台词：“我不是讨厌你，我是讨厌在这么优秀的你面前的自己。”这也是中了“不自信/自卑模组”的人经常会惹对方生气的原因：因为他也讨厌自卑的自己。

比较严重的自信不足/自卑者，甚至不敢看对方的眼睛，因为他也怕被看穿（他到底想隐藏什么？）。中这个模组的人很容易形成恶性循环，他不自信，别人也不放心把事情交给他处理。如果有一位外科医生跟你说，他的手术动得不太好，你会觉得他很谦虚，放心地让他给你动手术吗？所以，如果你一直遇到不信任你的人，先问自己是否信任自己。

我还看过一些学员的案例：生在父亲家暴母亲的家庭之中，孩子会觉得是自己能力不足，无法保护母亲，于是内建了“不自信、自卑、感觉自己无能、不信任别人”的频率，自责久了，甚至触发免疫系统低下等问题。带着这模组而不自知的人，在学校可能会成为被霸凌者，继续这个受害模式，或是反转为霸凌者，想要拿回权力与自信。等到他们有了伴侣或是孩子后，也会不自主地变成言语或是行为的施暴方，借打骂身边的人，在潜意识中发泄累积已久的不平衡、愤怒与暴力。我曾在机场看到一个小男孩打自己的妹妹，妈妈看见后马上一巴掌打过去，对他吼：“你怎么可以打人！”我那时真希望她前面有一面镜子，让她看到自己也正在打人。家暴对孩子造成的影响，韩国电视剧《当你沉睡时》里有案例可参看。

“不自信/自卑”模组，严重的话会演变成“觉得自己不值得活下来”模组，韩国电影《小姐》就是这样的案例，女主角出生后母亲因难产过世，父亲怪她的出生害死了她的母亲，所以她潜意识里觉得自己不应该出生，于是她吃饭时一粒米一粒米地吃，将父亲对她的暴力转为自己对自己的暴力。而同样是母亲难产，佛陀的父亲对待佛陀的方式则是爱而不是恐惧与愤怒，两者结果完全不同。

模组五：存在感不足模组

因为感觉自己不被关爱，所以存在感不足。

常见的外在行为有：

1. 自己连思考都没思考，就直接拼命抢着提问，以赢得父母、老师、演讲者的关注，我称为“勤学好问”模组。

解法→如果遇到中了这模组的学员，我会反问他：“如果你拿这个问题来问自己，你会怎么回答？你为何想要问这个问题？你为何觉得这个问题你无法解答？你觉得自己没有能力回答的频率才是问题所在。从现在起，遇到问题不要急着问别人，试着自己去思考、解答，以后你就不再是等待答案的提问者，而是自找答案的解答者，这两个频率差很多。”毕达哥拉斯要求他的学生在跟他学习之前，要先静默五年，不能跟别人说话，专心思考问题，想明白了再到他那儿去学习。

2. 怕被忽视、被遗忘，如果有人没回你信息会让你很生气。

解法→电影《寻梦环游记》中，那些已经过世的祖先最害怕“自己被遗忘”，焦虑与恐惧是代代相传的。所以我们要仔细观察自己的祖父母、外祖父母、父母、叔伯姑姨们的共同模组，看他们都在害怕、焦虑、担忧什么，自己是否被影响，甚至被植入相同的频率。可以透过家族史的探索和“家族排列”来帮自己找出并解除木马程序，否则就会上演《寻梦环游记》里的剧情：爱变质为恐惧，爱人变仇人，家人变敌人。

3. 到教室时会坐在最前排的位子，可以离老师近一点，有机会被老师关注。或是盲目追求偶像、老师，以对方的肯定作为自己生命的地基，一旦对方没看到自己，或是不被理会，就感到空虚无助、无价值。

解法1→偶像就是镜子，把自己喜欢这个人的特质写下来，这就是提醒自己可以发掘的潜能。

解法2→老师只是为你引一小段路的路灯，重点是你自己的目的地。你当然可以问他们你人生的意义、使命、目的，但你为什么要问别人“你家怎么走”？

4. 离开餐厅、饭店时，会把桌面、房间弄得很乱，潜意识想要留下自己“存在”的痕迹。

5. 总是迟到，潜意识想让全场看你，或是沿路掉东西，让后面的人不停地捡起来拿给自己。

解法→离开这个空间时，以服务员的角度看一下（不容易掉进惯性的不注意视盲）是否遗漏了什么忘记带走。

6. 跟人通电话，一讲就是好几个小时不停，对方完全找不到中断的机会；或是一直自拍，要别人帮他拍很多照片；或是喜欢“欲拒还迎，等别人三顾茅庐”来刷存在感；或是需要透过别人跟他道歉来建立优越的存在感，往往会创造出很多别人出错，然后必须跟他赔不是的事件……这些都是特别需要别人关注的“存在感不足”木马模组。

7. 爱抱怨、挑剔，找服务员、工作人员麻烦，或是讲话特别大声以引人关注。如果需要别人关注，就会花很多时间在别人身上，哪来的时间创造？存在感越高的人越低调，不会打扰环境。有位南美的萨满，从进入丛林到出来都没被发现，因为他的存在感很“大我”，完全与环境合一，不需要突显自己的存在感，其频率在第2级：安详极乐，与外在表现一样的自卑频率（第17级：羞愧耻辱）有天壤之别。努力追求高学历、高成就、高名利，忘了其实最重要的是天赋、热忱、实力。想尽办法当上老师、主管、老板，以更多头衔来赢得更多的尊敬、关注与存在感，有时也会转变为“控制狂”模组。有些人在人前越成功，内在就越感到失败；被越多的人包围崇拜，心灵就越空虚。比较与竞争不是动力，是逃避真实的自己，被困在竞技场中，无法获得更广大的自由。当人们陷入不快乐的泥沼中，表现偏离了真实本源，就是种下了未来自我挫折的种子。

解法→顿悟一切如晨露、如梦幻泡影，不再以追求成就来逃避真实的自己。

8. **能者多劳模组：**因为存在感不足，自我价值感低落，通过工作来建立自己的价值感。有个学员找我做一对一咨询，她说无论到哪个公司、哪个部门，不到一年的时间，该部门的同事就一一走光，所以她经常得一个人做很多人，甚至是整个部门的事。我问她的座右铭是什么，她说：“能者多劳！”我回答她：“你为了证明自己是能者，所以自愿多劳，如果没有事让你做，你就会觉得自己不是能者，没有价值感。所以你自己创造了‘独揽所有事’的能量场，来增加你的价值感、存在感，别人就无用武之地了。结果你累到再也做不动，能者多劳变成能者过劳，未来无论你是离职还是在家休养，都会回到‘无价值感’。所以，好好重建自己的存在感，不是通过工作，而是通过自我认可，即使未来没有工作、没有头衔，也没有任何问题。”

模组六：反叛模组

相对于顺从父母，“反叛模组”是不服从父母的意见，坚持要走自己的路。有以下两种情形。

1. **反叛之清楚模组**。

知道自己喜欢什么，所以会坚持到底，这会有两个结果：

→坚持己见，终于**成功**：父母可能因此改观，发现当年自己坚持的不一定是对的，这也可以同时解开父母的木马程序。

→坚持己见，却**不成功**：父母可能会就此加深自己的信念：“谁叫你当初不听我的？”但事实上，应该鼓励孩子去尝试自己喜欢的事物，因为这是孩子的人生，父母无法代为选择与负责。成功或失败也只是暂时的，人生没有所谓的“成败标准”，都是难得的人生经验。

2. **反叛之茫然模组**。

其实不知道自己喜欢什么，只是为了让自己的自主权不被剥夺。为了证明自己是有主见的，或为了吸引父母的关注，所以一路反对父母到底，甚至为了反对而反对，为了破坏而破坏，就算玉石俱焚也在所不惜。

这样有可能会导致两种木马程序：

一种是**“独裁模组”**：完全不信任对方，不用心倾听对方真正在说什么，也不听别人的意见，即使这个意见对他是好的。这种人往往会吸引到“自责模组”的人。

解法→由他自己全权决定，并全权负责，假使最后结果他不满意，若愿意自己检讨修正就没问题；如果转成“抱怨别人、怪罪别人”模组，解法请参见“抱怨模组”。

另一种是**“抱怨模组”**：有的小孩一跌倒，父母就会冲过去扶起来，还会作势打地板，怪地板害孩子跌倒，这些小孩长大后有可能会加入“怪罪别人、责怪外在环境”的抱怨模组。

中“抱怨模组”的人，几乎无时无刻不在抱怨，短片《熟能生巧》（*Practice Makes Perfect*）告诉我们：把时间花在哪里，就是把自己的振动频率定在哪一版本上，就会显化成怎样的人。因为怎么用时间，决定了我们是谁——我们在生命中练习什么，我们就精通什么，如果我们练习抱怨，我们就会成为抱怨的高手。

解法→如果有人在抱怨，要仔细观察他到底想要什么，或是想要别人帮他解决什么问题。法国动画片《叽哩咕历险记》讲的就是一个小男孩把女暴君背后的刺拔掉之后，她就不再找大家麻烦了。或者你只需问他：“这个世界上，有谁是你不抱怨的？”以这句话唤醒并中断这组木马程序，而不是听他一直抱怨发泄以赢得你的关注，因为他会创造出更多抱怨的由头。

我是如何从负向、爱抱怨的悲观人格，瞬间转变成正向、创造人格的呢？以一台计算机作比喻：如果你的计算机中了木马程序，你会怎么做？大部分人的做法是：全面扫描并逐一清除中毒的文档；若文档受损严重，就只能牺牲掉有毒的文档，直接恢复原厂设定；若是计算机本身效能太低，直接买一台全新的是最快的。所以，如果当我陷入压力、不开心、无法自由伸展的情绪时，不会带着这个频率继续我的生活，我会直接“置换高阶生命版本”，瞬间脱离作茧自缚的困境，所有因“木马程序中毒”而产生的一连串问题，就能乍然中断，与我无涉。

如果中了“抱怨模组”，总觉得全世界都对不起你，可以用作家章成建议的方法清除木马程序：“最有智慧的态度，就是借由别人的行为反省自己，你的人生就会因为有他们的出现，反而更往上走。遇到服务不周的商家，别只是生气，问问自己：以后我该怎样留心，做生意才不会变成那样？开车被人家挡了路，就自问：我要怎样才不会挡人家的路而不自知？你可以借此打开你的眼界，若再遇到觉得讨厌或困扰的事时，自然而然不会有什么抗拒的情绪产生，不抱怨的生活就是这样做到的。”通过这个方法瞬间从愤怒仇恨 / 150、罪恶谴责 / 30的频率，拉到宽容原谅 / 350。

记得要跳出“抱怨”，不要以“抱怨”作为跟别人要挟额外补偿或好处的手段，那只会让其他人对你敬而远之。

解法→立即强行**把焦点从抱怨转为反省与感谢**，可运用“AAA三步骤”——认可（acknowledge）、感激（appreciate）、允许（allow），将频率调到勇气肯定、希望乐观、爱与崇敬，使资源不会被抱怨的排斥能量弹走。可参看《不抱怨的世界》（*A Complaint Free World*）。

模组七：抢快／抢先模组

有的人个性比较急，总是会抢在别人前面去冒险、尝试，然后把经验分享给后面的人和跟随者，这样的人具有领袖型分享人格，具有抢快 / 抢先模组的特质。

在前面的案例中，那位抢先一步把饭吃完的姐姐，相对于妹妹的失败模组，很容易中的就是**“抢快／抢先模组”**。以为什么事只要抢快就会赢，导致她在人生中忽略了很多重要的细节而挫败连连，没耐心等待较晚出现的更好机会，或是很难与比她步调慢的人合作。最经典的例子就是电影《惊天魔盗团》第二部，对方想要活捉这群很厉害的魔术师，只需要在魔术师准备逃脱的管道前面几步，再放个一模一样的管道就行了，因为魔术师的特质就是“快”，他们一定只会看到最近的，注意不到后面还有个一模一样的逃脱管道。所以“快”既是他们的**特点、优点**，却也是他们的**盲点、弱点、致命点**。

解法→把眼前窄化冲刺的跑道拉宽、拉高维度，用全景、全息、鸟瞰、复眼、多重视野的方式来破解盲点的局限。**现在请你写下：自己有哪些特点，同时也是优点、缺点、弱点、盲点、致命点？有哪些地方需要改善？这些特点形成了你的哪些优势？它们造成了现在或过去的哪些问题？**

此外，有些人口拥挤的城市，居民到哪儿都要抢着排队，因为如果没有抢进这班车、这部电梯、这批货、这门课、这间餐厅……下一轮可能又要等上好一阵子，即使他们到了步调缓慢的乡间，“抢快模组”还是没办法改，容易因为快食、躁动而导致肠胃问题，或是焦虑症、躁郁症、自律神经失调等。中这组木马程序的人很没耐心，总觉得自己动作很快，别人动作太慢。优势是个人的事可以很有效率地做完，问题是与别人无法配合，越催别人做得越不好，因而总是吵架，造成人际关系的紧张。

解法→让自己随时随地保持有觉知的缓慢深呼吸，动作尽可能地放慢[①]，每天花一点时间稳住自己内在的生命核心地基，让自己保持更高的弹性、更深的宁静、更高的智慧、更多的爱、

① 可参看日本顺天堂大学外科教授小林弘幸所著的《自律神经健康人50招》。

> 更少的框架与束缚，内心强大无惧，身体随时维持纯净平衡，从低频调到高频，让自己跳脱恶性循环。这就是你新创造的周期、新的能量频率、新的生命时间，外在的纷乱风暴都将自动与你保持距离，你安住在暴风圈的中心安然无恙，没有人事物能打扰到你内在的深度宁静。没有比较，也不必让自己变成什么，不会有焦虑的频率带着你抢先冲快，只要将与生俱来的能量释放出来，就能够成为有力量的自己。

有一句话讲得很好：在撒哈拉沙漠上，我们对于跑在别人前面不感兴趣。跑太快，把整个人生都落在后面跟不上了，所以让自己慢下来，每天养成晒太阳、运动、练瑜伽、静坐、冥想的习惯，每隔一段时间去度假或禁语闭关，是破解**抢快／抢先**模组的方法之一。

模组八：争赢模组

他们以“赢”别人来建立自己的存在价值感，所以会跟父母争宠，与兄弟姐妹、同学、同事、好友竞争，甚至还会跟自己的伴侣竞争谁赚得多、谁付出得比较少……这就是“竞争的心魔”。

中“争赢模组”的人，最会无事生非、小事化大、星火燎原，就像电影《看不见的台湾》中一句经典的话：“一直找战场，直到自己输了为止。”只有清除此模组，才能大事化小、小事化无。这通常是前几代将生存焦虑传下来的木马程序，经常出现的关键词有“适者生存，不适者淘汰”“赢在起跑点”“步步为赢”“爱拼才会赢”“出人头地”“光宗耀祖、光耀门楣”“人死留名，豹死留皮”“咽不下这口气，要争一口气”“一定要争取自己的权益”……有个学员事业遭遇瓶颈，他的座右铭是“爱拼才会赢”，因为他设定了“爱拼”，所以潜意识不断选择、创造出“瓶颈”的竞技场，从而给自己拼搏的机会。

“争赢模组”最容易产生“不注意视盲”，他们潜意识只会关注人多的地方，或是大家都在抢的东西，比方有店家门口大排长龙，他们就会不由自主地想过去排队，因为他脑袋中已经被植入：“我怎么能没有别人正在抢的东西？只要是有人在抢，我一定抢得到。”他只是要那种“我赢了”“我抢到了”的片刻快感，即使那是他完全不需要的东西。

有一位成绩优秀的学员，听家里的话去考医学院，他在医学院学习七年，也拿到了医师执照，到医院正式工作时才发现自己并不喜欢当医生，于是重新去念EMBA（高级管理人员工商管理硕士），但他已经浪费了七年。也就是说，他被“优秀的人第一志愿是医学院”的木马程序锁住了，没看到木马程序以外更多的可能性，到达终点之后才发现自己跑错跑道了，于是再折回重来。这就是前面一再强调的，木马程序造成的问题就是“浪费无谓的时间”去追逐木马设的虚幻目标，等到达时才恍然大悟：“跑这么快、跑到这里到底是要做什么？”

所以我常跟学员们说，把“考好大学、选第一志愿、考研、进大企业拼到主管”的目标先按暂停，全方位观察一下这条跑道，自己真的喜欢走这条路吗？周围还有哪些可能性？请把自己的视野拉出井底，想象自己在高空俯瞰全局，就会发现版图很大，路径也很多元，不必跟其他的人都挤在同一跑道上争得你死我活。最后就算赢了，因为你并不喜欢，没有热忱，很快就会感到无聊无趣无动力，然后进入茫然期。

这种争赢模组，有时会在身陷三角关系，特别是事业女强人型的第三者身上看到，她在学校、职场、生活中总是抢赢资源，所以她必须通过“争赢”感情，来证明自己更好、更美、更值得被爱，但通常力争未果、苦求不得的居多。若是顺利争赢成为合法妻子，只要频率没有改变，接下来的婆媳问题、与女儿争宠、老公外遇……就是后续的考题。

争赢模组有时也会通过不停地“考试”“战斗”“闯关”的方式，建立自己的存在感、价值感、优越感。我曾见过有个人，他专门抢很难买到的演唱会门票，抢到了就非常开心，若没抢到就会想尽各种办法、各种途径，非要弄到票不可。然而当他抢到票，那个高难度挑战的快感消失后，他就不要了，把票送人或是原价卖掉，他只是喜欢那种“别人没抢到，只有他买到了”的优越感，或是专门争取VIP票或卡的特权，这会让他觉得自己高人一等。所以只要他没争抢到或无法拥有“稀有且限量的特权”，他就会马上陷入“焦虑不安”“惶惶不可终日”的状态。

所以中了争赢模组的人，通常会浪费人生绝大部分的生命时间，不停地重复循环这一模式，这也是木马程序的第六特征：让人从这组木马程序开始，启动一连串“追逐虚幻不实目标”的过程，无穷无尽直到崩盘或精疲力竭为止，浪费非常多的生命时间。斗兽场、竞技场之外的世界有无限资源，往往不想在公司斗得你死我活的人出来创业，规模有时比原公司还大。

有一个学员的主要问题是孩子不听话、老婆太强势，他微信的个性签名是：渴望命运的波澜。我“恭喜”他：“很好啊，你身边有两位固定会引起你‘命运波澜’的助手！”另一个学员说她目前人生最大的问题就是常和她那青春期的儿子斗嘴、吵架。我问她微信头像下的个性签名是什么，她说：“人生难得几回搏。”她一说完，全班都笑了，她自己一时之间还没搞清楚这两者之间的关系，我说：“很好啊，你已经找到可以‘人生难得几回搏’的对象啦！”她问我该怎么破解。我说：“只要你又遇到想‘搏’的状况，就问**自己究竟是要争赢，证明自己是对的，还是让自己快乐，让大家都快乐？**”

诗人木心写过一句话：“我不是好斗，我是好胜。”就像有些赌徒其实不是不怕输，而是认为自己会赢。关于“争赢模组”，有三部非常经典的电影。

《荒蛮故事》（*Relatos Salvajes*）

有一辆车想超车，因为前面的车开得实在太慢了，但前面车的车主对被超车还被羞辱很不爽，于是两个车主开始相互厮杀，最后彼此抓紧对方的脖子扭打，车子爆炸起火，两个人都被烧死在车上，但因为彼此还紧抓着对方，前来验尸的警察还以为他们是殉情。他俩可能已经忘了原本是要去哪里、做什么了。

也就是说，**“争赢模组”木马程序，会让人为了“争”而“鬼遮眼”地忘了自己原本要做什么，忘了什么才是最重要的事，**甚至认为必胜、必赢、面子比时间和生命还重要。

以前我去上过一堂课，听到有学员正在跟主办方吵架，说他是第一个报名的，应该坐在第一排，为何被排到第四排？两方吵得不可开交，最后他负气离去。他忘了自己是来上课的，而不是来“坐第一排”的。

《我不是潘金莲》

一个非要告前夫不可的女子，后来连同相关的官员一起告，长达数年不放弃。当她知道前夫过世，没必要再打官司时，她顿时失去“战斗争赢”的目标与生命动能，她居然也不想活了，想找一棵树自尽。中了**“争赢”**木马程序，**会让人忘了原本最重要的事：自己的生命与时间。**

解法→如果遇到这种“非争不可、不争会死”的人，你就问他：你究竟是要花这么多时间争赢对方，还是要用这些时间做更重要的事？别忘了时间比面子贵！

《羞辱》

这部电影可以说是“争赢模组”的最佳教材。工头亚西尔在街道施工，被楼上凸出来的水管里的水浇得满身都是，便主动到楼上询问该住户托尼是否需要帮忙修缮水管，却被托尼严词拒绝。然而亚西尔主动帮他将水管处理好，但托尼无法接受自家阳台水管被擅自更改，当着亚西尔的面把他刚处理好的水管敲掉。亚西尔很生气，对托尼骂了一句脏话，托尼愤而去找亚西尔的老板，逼他道歉。亚西尔为保住工作，不得不去找托尼道歉，托尼却当面骂亚西尔，侮辱他是巴勒斯坦难民，激怒了亚西尔，他当场刺伤了托尼。后续冲突无法收拾地扩大，从法院里两个种族支持者的冲突演变成两派街头暴动，两人的家庭生活也因此两败俱伤。这就是各自带着从小的家庭创伤，扩大成种族仇恨的木马程序——“星火燎原：小事化大，大事变成无法收拾”的自毁毁人过程，让我们看到“争赢”木马程序最惨烈的结果是什么。

一旦中了“争赢模组”，就会把焦虑失败、焦虑落后、渴望被关注、非赢不可的频率带到生活中，争夺资源权益，把自己困在竞技场内，忘了外面的世界很广大，视野缩到只有敌人、对手，没有朋友，认为争赢比自己的时间更重要的频率才是问题。

有段话讲得很好：“如果你想要跟别人竞争，你将会付出代价，你会变得越来越没有爱。一个竞争者，无法既有野心又同时有爱。”除了前三部电影之外，《茉莉的牌局》（*Molly's Game*）也是这个模组可参看的电影。“喜欢赢，喜欢瞬间暴富以证明自己聪明有能力”的瘾头，就是“争赢模组”的动力。

如果对方中了“争赢模组”，你可以试试无条件礼让他，对方有可能会跟你抢着“让利”。网上一段关于“如何中止霸凌”的视频也是运用这个原理，如果有人辱骂你，你就无条件认同对方，让他一直赢，没多久他可能就会感到无趣而离开，你就能顺利脱困了。

模组九：因孤独木马程序而形成的鹤立鸡群、救众生、救世界模组

在木马程序线下课巡回演讲中，一个学员的提问，让我发现了这个模组。

她问：“老师，我是一名学校的校长，同时也是老师、心理咨询师、网络节目主持人，我觉得我的人生没什么问题。我现在只想要救人、救众生、救地球，我该怎么做？”

我说：“你经常觉得孤单吗？”

她说：“是啊。咦！老师你怎么知道？”

我说：“你知道真正需要救的其实是你自己吗？你想要帮助很多人、救别人，其实是你的内心在跟你求救，你真正需要帮的是自己。你无法通过外在行为来转移你内在孤单的感觉，**内在空虚孤单感，就是你目前最核心也是最主要的木马程序。**它逼你要变得很优秀，努力成为老师、心理咨询师、校长、网红……只有‘好为人师’才能被学员、病人、粉丝尊敬，拿回被控制型父母拿走的自主权力；也只有**把自己逼到‘高处’，让自己‘鹤立鸡群’，才可以掩盖自己孤独的窘境。**

这就是‘内在空虚、外在虚张声势的空城计’。因为你可以跟自己说，是自己太优秀，身边的人都配不上你，你看不上别人，远远把别人抛在后面，所以继续孤独。中这组孤独木马程序的人，有时会无意识地讨厌、嫌弃追求者，反而会爱慕对自己不理不睬的人，那是因为他在内心深处觉得自己不够好，所以也看不起‘爱上自己的人’，反而会爱慕那些‘不爱自己的人’，这就是造成孤独的原因。还有一种状况是不想求人，有时这不是真的独立自强，而是中了怕被拒绝、怕丢脸的自尊木马程序。这组木马程序造成问题的真正原因是：孤独，与信任、爱的能量是相反的，所以从孤独发出来的频率，势必会有与自己、与他人关系的课题。就像香奈儿说的‘我没时间讨厌你’，让自己在顶峰忙碌，用‘忙到没时间理会其他人’来掩饰孤单。木心有一首诗也表达过这类木马程序：‘乐团的指挥孤独无助，那是他自己要这样的。’比较麻烦的问题就是，一旦没有学员、病人、粉丝关注你，你会顿失自我价值并引发崩盘。”

解法→心越真实，就越有力量。所以你要跳出这个循环，以帮助者的角度，帮自己解决内心孤独的问题，问自己：从出生到现在，孤独感是怎么来的？你真的孤独吗？**孤独本身就是不知道怎么跟自己相处的木马程序**，不是事实，更不是本质，人本自具足，所有因为怕孤单、怕无聊、怕自己没有价值感而做的事，都是为了填补并逃避面对自己空虚的时间。但这永远无法填满内心缺乏爱的孤独感，就像自家地板有洞，你却在外面忙着填别家的洞。这么说并不是要你不去帮助别人，你当然可以继续帮助其他人，但不能逃避自己内在孤独感的核心问题，否则你“害怕孤独”的频率，只会吸引更多孤独的实相。你想要通过“帮助他人”来产生自我价值感，填补自己的内心空缺，但实际上，外在做再多事也填补不了。一旦你内心空洞不扎实，在帮助别人的时候，潜意识其实想要的是别人的赞美、肯定、爱、感谢与尊重，以填满你内心的洞缺，你的帮助带有潜在目的性。倘若对方回馈不足够，内心空洞、不扎实的你就会陷入空虚，会很受挫，觉得没有价值感，没有爱。如果有另一位跟你一起帮助大家的人，得到的赞美与感谢比你多，你一样会感到受挫，因为你把填洞的主权交到别人手上了。

你必须先帮助自己恢复爱与丰足的频率，这样的频率才能帮助大家一起好。也就是说，只要你充满爱与丰足，这频率就会自动分享给很多人，完全不需要刻意、努力为之，这就是“花若盛开，蝴蝶自来”的自然规律：**花与蝴蝶之间，没有谁在帮谁，因而没有帮助者与被帮助者之别，更没有强者帮助弱者的概念**。如果你想通过“帮助他人”让自己看起来是个帮助弱小的优秀强者，这就是虚假高台，

> 是在霍金斯意识能量层级表第12级（渴爱欲望/125）的频率，如果破灭了，频率就会随时掉下来。只有在第1～4级（爱与崇敬、宁静喜悦、安详极乐、开悟正觉）的频率，才能真正做到“大家一起好”。这样的人根本不会觉得自己在帮人，他们只是在做自己开心的事，光给予就很开心，完全不需要任何人的感谢、肯定……甚至不需要任何人知道他们的名字——孤独如水滴，回到大海就不会干涸。

罗伯特·奥古斯都·马斯特斯（Robert Augustus Masters）提出一个概念叫作“灵性逃避”：有人想要被关注、被尊重，想要权力，也想要金钱，所以让自己借着修行和帮助别人来逃避现实。这也属于孤独模组，也就是说，如果你付出时感到受挫、无力，那么请先转向帮助自己，聆听自己需要什么。

我们如何察觉自己是否中了“孤独”木马程序？可以问自己以下这些问题：

1. 什么情况下你会感到孤单？
2. 当你觉得孤单时，会怎么做来解决孤单感？
3. 自己对这个世界有哪些不满？
4. 想要离开世界的原因（事件）是什么？
5. 这些对你现在造成哪些正面或负面影响？
6. 这些会对你的未来造成怎样的影响？
7. 如果现在关闭微信、微博，你怕失去什么？

这个“因孤独木马程序而形成的鹤立鸡群、救众生、救世界模组”，经常会在“拼命赚钱，努力让自己有名、有成就，以掩饰孤独”的优秀之人（特别是老板、老师、明星）身上发现。也就是说，假如这个人没有中这组木马程序，他就算有一天没有任何粉丝，不被任何人认识，也不会恐慌；就算日后完全没有机会再帮助任何人，也不会觉得空虚或是感到生命无价值；就算台下没有半个学员聆听，他还是会非常热忱地分享（花不会因为没有人闻它就不开花）。即使**没人认得他也不焦虑、不恐慌，很多人认得他也不骄傲、不恐惧**。

模组十：控制狂模组

许多中了“控制狂模组”的个案，绝大部分是因为有个“控制狂”父母，他们总会对孩子说“你**应该**如何如何，因为我**都是为了你好**”，**“应该”**与**“为了你好”**都是**木马程序的关键词**。控制狂父母经常会导致孩子走向两类极端，一种是**自暴自弃**（茫然模组、不自信/自卑模组、存在感不足模组），反正自己说什么、做什么父母都会反对，反正他们永远都是对的，虽然想要自由自主，但已经失去自我负责的能力；另一种是孩子“继承”控制狂，由于父母对于孩子的不信任，孩子长大后也高度控制自己，这就是所谓的“严以律己”，但不可能“宽以待人”，因为这是两种不同的频率。

举例来说，“严以律己”的人，会把自律甚严的原则推己及人，把“己”这个范围扩大到身边的“自己人”，他们最常说的话就是：

“我都做到了，你怎么做不到？有这么难吗？天下无难事，只怕有心人，是你没用心吧！”他们对自己严格，对待家人、同事也一定不宽松，因为他会将家人、同事也视为自己外在形象的代表，因而周围的人就像伴君如伴虎般战战兢兢，动辄得咎。他们还常犯“君主病：忠言逆耳，不喜欢听真话，朝令夕改”，以显示自己的权威。也就是说，如果“自己人”不符合自己的标准，引发的情绪频率极可能落在霍金斯意识能量层级表的第11级（愤怒仇恨）、第13级（恐惧焦虑）、第16级（罪恶谴责）、第17级（羞愧耻辱）。

一般人也会怕自律甚严的人，例如他从不迟到，万一你迟到了，压力一定很大，因为他拿来自我要求的标准，会让身边的人感到紧张、有压力与害怕。这样的人经常会“主动断交”，因为别人会随时不小心踩到他的原则、底线、地雷，他的口头禅是“你这样太过分了”，对方往往搞不清楚他的底线到底在哪里，自己是怎么“被断交”的。

解法1→放弃对别人的“要求”，因为控制是“不信任”的焦虑能量投射出来的，会让对方感觉到不被信任，因而也就没有信心与动力主动把事情做好。随时提醒自己放手，破解这组木马程序的关键语就是：**信任生命，信任爱！**

解法2→何念慈说：“凡是你想控制的，其实都控制了你……人活得累，一是太认真，二是太想要。在这个社会，凡是你想控制的，其实都控制了你。”不苛责自己，对自己好，百分之百接纳自己、爱自己，爱与喜悦的频率，才能让人如沐春风。如果让自己如北风般严厉，大家只会把大衣裹得更紧：一方面会让自己身边的亲友产生巨大压力，另一方面，控制背后“怕失控、不完美”的能量会产生一连串祸不单行的问题，对身心健康也是一大威胁。

解法3→我自己曾经也中过“控制狂”木马程序很多年，因为当时我的老师是高度控制狂，规定写字不能出格、涂色不能出线，加上自己是长女，莫名其妙就要承担比弟弟多的责任，并且必须优秀才能成为榜样。我被后天教育塑造成了控制狂，座右铭是“有志者事竟成”“天下无难事，只怕有心人”，总是想完美掌控全局，不许出错，因为设立的原则很多，所以缺乏变通与弹性，很难与人合作，一旦失控就会暴走抓狂。

举例来说，我是一个不喜欢迟到的人，当遇到别人迟到时，我就会特别生气、不耐烦，有时因为交通堵塞的原因自己迟到，我也会自责很久。我仔细分析，我讨厌“迟到”，一方面是因为我的“控制”模组，另一方面是因为“怕时间不够用”的“焦虑”模组。所以不只是迟到，包括冗长的流程都会让我暴怒，结果生气或是与人吵架，反而浪费了更多时间，甚至事情都结束了，我还在继续生气。后来我到了印度，那里的无序、混乱、不守时让我不得不放弃控制，放过自己。

还有一次我在森林中冥想时领悟到，**大自然里根本没有“浪费时间”的概念**，没有一朵花在抢谁先开花，没有一只鸟在争谁飞在最前面，草原上动物大迁徙时也没有谁在抱怨前面走得太慢……自己的焦躁才是让自己动不动就生气的地雷！

以前有位企业家找我咨询，他说他的员工都很被动，说一才做一，喊二才做二，完全没有积极主动性，无趣而且死气沉沉。他问我该怎么恢复公司里的士气与元气，我没有回答他的问题，而是问他：“你很怕失控，对吧？”他很惊讶地说：“对！”

我问：“你过往的人生中，最大的一次失控是在什么时候？让你失去了什么？”

他说：“我大学的时候，在一个喜欢的女生面前喝多了，结果她从此就很讨厌我，后来她跟我的哥们儿在一起了。”

我问：“所以你之后就不允许自己失控，甚至严格克制自己，对吗？”

他说：“对！”

我说：“这就是你的公司员工都很被动、不积极、没元气、没创意的主要原因。因为一切都是你说了算，他们哪来的空间发挥自己的创意？因为你会经常责怪他们不负责任——你没发现你身边的人都被你嫌‘不负责任’吗？”

他说：“对！我常觉得我特别讨厌的员工，包括我很疼爱的儿子，都不懂得怎么负责任。”

他的话给了我另一个**如何找出木马程序的灵感：只要列出你讨厌的人与喜欢的人的共同特质，其相反就是你的木马程序。换个方式来说：**你会在自己喜欢的人身上，发现自己讨厌的特质，因为那些讨厌的特质就是你眼中的木马程序，你看谁都会看到这枚“眼中钉”。以这位企业家为例，喜欢与讨厌的人的共同特质是“不负责任”，不负责任的反面是（过度）负责任，其严重状态就是“控制狂”。

所以我给他的初步建议是：“试想一下，如果你有个不信任你的老板，你会放手去发挥创意吗？只要你继续发出担忧、恐惧、不信任的能量，只会创造更多担忧、恐惧、不信任的频率，在这样的状态下，再厉害能干的员工都会变得无能，亦会被你贬成听命于你的机器人，怎么可能会有生命力与创造力？中‘不信任模组’的人，往往会引来没自信的人。放掉标准、原则，才能解除控制，在大自然中如果你开始控制，万物就无法自由生长，也就没有生命力。所以先松绑你自己，允许自己每天去做一件以前不敢尝试的事，允许自己失控，也允许别人完全自主，对周围的人不给标准、不期待、不掌控、允许试错，自己与周围自然就会恢复生机。”

有个学员说她对工作感到倦怠，她的座右铭是“自律即自由”，我说就是这个“律”框住了她的热情，一匹背着马鞍的马是无法自由奔跑的。

解法→只要清除“自律控制”的木马程序，不需鞭策出更好的自己，**现在就是原初最好的自己**；不需计划，在最高维度的层次中，一切都已完美。

关于控制狂的电影有两部。

《魅影缝匠》（*Phantom Thread*）

一个高度控制狂的服装设计师，要打破他的惯性，唯一的方法就是让他突然重病到无法工作——被动地由他的妻子帮他打破木马程序。

《东方快车谋杀案》（*Murder On the Orient Express*）

一个控制狂侦探最终领悟到，正义的天平无法平衡，只有与不平衡共处——由自己的觉察主动打破木马程序。

以上就是自我与人际关系木马程序的十种模组与解法，你可以用以上方法，帮自己和身边的人找到木马程序。**爱比任何标准、原则都重要，不以“理”伤“情”才是清除木马程序的关键。如果你发现了别人的木马程序，除非是他自己向你求问求助，否则不要以你发现的木马程序来作为评价、批判别人的依据**，或许他想要靠自己的力量从噩梦中醒来。把自己的状态处理好，这样的频率一样也会潜移默化感染别人。

第五章

感情的木马程序

chapter five

关于感情的木马程序，我在《爱情觉醒地图》一书中已提到过一些概念，这里不再赘述，大家可以找那本书来作为补充与参考。一旦中了感情木马程序，例如**“焦虑单身模组”“怀疑对方不爱我”“疑心对方出轨”“觉得对方看不起我”**……只要当事人没有察觉，就会产生一连串无意识损己，也损害与他人关系的剧情，产生日夜折磨自己、刁难别人的心魔，严重者甚至会造成自毁或毁人的社会事件，所以要有辨认并打破自己、伴侣、家人、朋友，以及周遭的人感情木马程序的能力。

感情木马程序的六种模组

模组一：焦虑模组——焦虑单身，焦虑不被爱

来自父母与社会集体的催婚，经常给单身者很大的压力。父母都

有无法陪孩子到最后、怕孩子没人照顾的担忧与恐惧，所以爱就变质为负向压力。有人怕“嫁不掉”，有人怕“娶不到老婆”，所以到处相亲，拼命找爱：有钱人的爱、帅哥美女的爱……殊不知，这种找伴侣的焦虑、催婚的能量，往往会把对方吓跑。你可以试着把自己放进对方的视野（或是自照镜子），看一下焦虑的自己是什么状态，如果你是对方，你会有怎样的感觉？

有个学员问我，怎样才能找到伴侣？我问她微信的个性签名是什么，她说：“一个人好好走自己的路！”我问她：“那你到底是想找伴侣，还是想自己好好走自己的路？”她瞬间哑口无言，这就是**一句话破木马程序“矛盾点”的方法**。

我曾问过一个急着想找伴侣的女生：“如果你现在立马结婚，你觉得在生活中会出现的问题是什么？”

她不假思索地说：“会失去自己、自主及自由！”

我继续问：“你觉得单身的好处是什么？”

她说：“一个人很自由，做什么都不必跟老公报备。”

我说：“这就是你的木马程序。你其实真正想要的是单身，享受自由，但你却着急找伴侣。你得整理好自己真正要什么，否则这个状态会让你在原地拉扯，将来进入婚姻，不仅会让你自己不开心，也会连累到先生与孩子。如果更深入地分析，爱的本质是自由，你以为进入关系会失去自由，那是因为你对爱的定义太狭隘了。只要爱够广大，你们双方都可以无条件支持对方做自己。英国哈里王子与梅根就是最好的例子，彼此没有谁委屈谁，或是谁变得不像自己。你若没调整好，一旦进入关系后，你与伴侣之间的课题就是‘自由’。”

在她之前，也有一例类似的个案：这位学员有个三岁多的儿子，她说她的主要问题就是忙于家务与工作，完全没有自己的时间，她很希望孩子赶快长大，这样她才能恢复自由——她不敢离婚却又想自立，这两个想法本身就有矛盾。其实如果后面这位学员能跟前面那位聊一下，或许就能帮她厘清自己的状况。

解法→不必继承父母的焦虑，你有选择适合自己生活方式的自由，但你可以理解他们的爱，穿越他们的焦虑。其实**有没有伴侣不是问题的根源**，就像在大自然中，无论单只或成双都不是问题，各自有各自的选择，无好无坏，重点在自己的频率上。如果自己的频率有状况，就算有伴侣，也不过是把问题转移给另一个人，对方没有义务解决你的问题。如果你的频率没问题，本自具足，就算单身也一样可以泉涌出庞大的爱的磁场，将爱给予身边需要关怀的人，一样可以圆满、开心与幸福。所以**破解这组木马程序的关键是：你究竟是要真正的幸福，还是表面上有伴就行？**

也有人抱着“再不结婚就没人要”的“焦虑、恐惧”频率，匆匆地进入婚姻。有个学员条件非常好，人很漂亮，工作能力也强，但因为父母催婚，她也中了“焦虑单身”的木马程序，怕再晚就嫁不出去。其实她财力充裕，但因为产生了“没结婚就无法生存”的谬误，带着焦虑的频率快速地嫁给一个有钱人，不安全感也带进双方关系中。不幸地遇上丈夫家暴，她不敢离婚（不自信模组允许别人这样对她），怕离婚之后更没人要，自己与孩子没人照顾，于是产生了更多的焦虑：害怕父母担心，害怕牵累到孩子。也就是说，焦虑无法通过某一个外在行为解决，只能自己醒来亲自解除。

害怕孤单的能量，会创造出更多孤单的实相。如果抱着“焦虑单身”的频率进入婚姻，婚姻不但无法解决这个焦虑，有时还会变成我们即将要解说的第三个模组：“**怀疑对方不爱我模组**：焦虑自己变老变丑变胖，老公会不会哪天不爱我”；或是因自己“**不自信模组**”（认为自己不够好，不相信自己值得被爱）衍生出第四个模组：“**怀疑对方出轨模组**：怀疑老公背着她，爱上别的更年轻貌美的女人”。其实这些都源于**对自己没自信**，或是因为父母失和离异，所以**对爱情、婚姻没信心**的木马程序，这两个模组会把本来很爱她的老公逼疯、逼走（谁受得了天天被疑神疑鬼地拷问），自己亲手破坏了这份感情而不自知，这就是“焦虑”木马程序的杀伤力，让她又“回马枪”地重回孤独的状态。

两人若真心相爱，不一定非要婚约保证，结不结婚与爱的质量无关；若必须靠婚约保证，那就不是爱。事实上婚约也保障不了爱的永恒不变，因为没有人永远不变，问问自己是否真的能做到“永恒不变”就知道了。

结不结婚不是主要问题，担心嫁不出去或是娶不到老婆的那个“焦虑自己不够好”的频率才是问题的根源。这个频率带到婚姻里，不仅不会被解决，往往还会与另一半的旧创伤所形成的木马程序对决，这就是从一个人受苦扩大到两人共苦的状态。

如何知道自己是否中了“焦虑单身，焦虑不被爱”模组？你可以一一列出“单身会有怎样的问题”，这些问题就是目前存在于你内心的木马程序，例如：认为单身的话，老了以后没人照顾你，事实上无论你结婚与否，都会陷入“如果自己或对方老了、病了、走了，该怎么办”的焦虑与恐惧频率。

你现在就可以重新决定你对爱情的态度：是恐惧，还是爱？千万不要受到“结婚焦虑症”的影响，毁己也毁人。这种集体“结婚焦虑症”也间接导致离婚率的升高（因误会而结婚，因了解而分开），这也是**木马程序的特征：会浪费很多宝贵的生命时间，然后又回到原点。**所以请把自己的感情木马程序清理完，把自己调到“爱”的频率，**一旦有爱，独处也不会孤单，也只有爱才可能吸引跟你一样频率的人一起共处，**否则只会产生更多问题与课题。

模组二：孤独模组

有一位学员在感情上属于“孤独模组”，他的主要问题是：感情与人际关系不好。

我问："你小时候印象最深刻的事是什么？"

他说："记得以前因为常搬家，几乎每两年就转学一次，每次转学到新的环境，想跟新同学一起玩，但每当我走过去，他们就一哄而散，一点都不欢迎我，感觉去哪儿都被孤立。"

我说："这就是你目前感情与人际关系产生问题的主因。你能不能试想一下，如果把自己当成那群同学里的一位，看到你走过来，第一个念头是什么？"

他说："那个走过来的我，看起来有点害怕和不开心，想躲开……"

我说："是啊，现在你知道原因了，跟自己有关，跟他们无关。你再想一下，每次知道马上又要转学，你的感觉是什么？"

他说："第一次转学时很伤心，哭了很多天，想到要跟自己最要好的同学分开，感到很无助，离别很痛。之后就不会那么伤心了，因为我后来就不再投入太深的感情，以免再次受伤。"

我问："你每段友情或感情大概维持多久？"

他想了想："大概两年。"

我说："你已经形成了**'恐惧感情分离'的木马程序**，过去平均每两年就因为搬家被迫转学，被迫与身边的朋友分离，所以你现在每两年就会'自动或主动'地抽离感情，与对方断交、分手，这就是你目前感情与人际关系产生问题的根源。你可以看电影《小玩意》，讲一个小女孩因为最常玩在一起的'青梅竹马'要转学，开始形成'孤独'木马程序的过程。"

解法→把从出生到现在几次很伤心的分离写出来，然后以更高维度的生命视角，以及正面的能量、态度、频率，再次看待并重新诠释这些分离带给你珍贵的成长与体悟，以新的脑神经连接取代旧的连接，以爱的频率（第5级：理性谅解 / 400）取代与爱隔绝的频率（第15级：冷漠绝望 / 50），这才是改写自己人生剧本的第一步！

模组三：怀疑对方不爱我模组

若觉得自己**缺乏爱、渴求爱**，那么这个焦虑频率就是感情的木马程序，就算有伴侣，也会时刻担心对方变心，害怕总有一天会被抛弃、失去对方。通常这是由**"不自信模组"**变形而来，其中一个常见的原因是父母以"如果你（学业）不够好，我们就不爱你"造成的影响，于是内建了："我得听对方的话，才能赢得对方的爱。"所以我们经常听到这样的抱怨："我对他这么好，什么都听他的，我这么爱他，他为什么要这样对我？"殊不知，一个失去自我的人，就像是一个没有地址、没有定位的房子，别人想寄包裹（爱）给你，都不知道寄到哪儿，因为你连自己是谁都不知道，别人怎么找得到你？怎么爱你？

有个学员说，她微信的个性签名是"大多数人都在自己之外流浪"，她最喜欢的歌是李宗盛的《山丘》："越过山丘，才发现无人等候。"这句歌词就是她的写照，因为找不到自己，所以无人等候。

解法→《爱情觉醒地图》里有一段话，是此模组的解药：**“会让人受苦的，从来不是爱本身，而是人对于爱的信念出了问题。爱情是让我们体验‘自己究竟是谁’的心灵之旅。”在所有关系中，最重要的就是与自己的关系，**如果你为了让对方爱你，什么都听对方的，忽略自己真正的需求与感受，这个频率在霍金斯意识能量层级表中属于第12级：渴爱欲望 / 125，甚至是第13级：恐惧焦虑 / 100，都是低于200的频率，怎么可能会达到你想要的第4级：爱与崇敬 / 500和第3级：宁静喜悦 / 540，或是更高的频率呢？就像你按了通往地下一层的电梯，永远也不可能到101层，所以觉察自己在面对感情这个议题时的频率所在，就是“解铃还须系铃人”的破解之道。

模组四：怀疑对方出轨模组

若父母关系不佳，有一方怀疑另一方出轨，对孩子较容易产生负向影响：不相信爱情。如果是由孩子发现父亲或母亲出轨，那孩子可能还会产生愤怒与无力无助的情绪。我曾看过一个案例，小时候他发现母亲在跟情人偷情，他心想，如果父亲知道，就会导致他们吵架离婚，所以他隐忍不说。但他内心既同情父亲，又恨着母亲，长大后，他开始出现莫名的后天肌肉萎缩无力症，医生也检查不出他的病因。而且只要他一谈恋爱，怀疑对方在外面有别人，肌肉无力就会变严重。

如何知道自己有没有“爱情疑心病”？只要问自己一个问题：打电话给伴侣（若目前没有伴侣，也可以假想未来的伴侣），他如果没接电话，你第一个念头是什么？对方在忙？手机掉了？跟别人在一起？如果是最后一个答案，那就是得了**“爱情疑心病”**。

正因为不自信，导致不相信对方会爱他，怀疑伴侣身边的异性、同性友人，有时还会跟孩子、宠物吃醋，这会让对方非常抓狂，也是破坏两人之间爱情的心魔。日本电影《不能犯》中就有一个父母离异的女子，在被别人挑起“怀疑”的心魔后，开始怀疑自己即将结婚的未婚夫跟同事搞暧昧，甚至开始产生“幻觉”而把未婚夫刺成重伤。

这幻觉其实就是“亡斧疑邻”的概念：有人怀疑邻居偷走了自己的斧头，因此看那个邻居的动作、态度，越看越觉得是窃贼，但等找到斧头后，怎么看也不觉得他是窃贼。所以，如果中了“怀疑”的木马程序，就会创造出自己所“相信”的证据来。换位思考一下，如果你一天到晚被另一半怀疑外面有别人，你会不会有一天实在受不了，干脆真的找另一个人，然后离开他算了？

模组二、三、四都是“对爱没有安全感”的状态。

解法→所以，如果你的“爱情疑心病”再度发作，自己先暂停，不要把这频率发射给对方，先让自己从原本的角色跳出来，置入对方的身体里想一下：若有人拿怀疑的事来质问你，面对这样的质疑，你会感到如何？会不会想躲离对方？唯有跳出自己的盲区，才能看清自己为何一直无意识地在创造不想要的未来。这就是《心经》中所说的：“无挂碍故，无有恐怖，远离颠倒梦想。”

模组五：嫌伴侣不够好模组

其实有这个模组的人，大部分是因为小时候自己也被父母、老师、亲友嫌过不够好，所以等自己有了伴侣、孩子，也会无意识地投射此模组给对方，往往伴随着**“控制”模组**，造成家庭关系的紧张。

有好几位女学员都中了“嫌老公不够好”模组，这往往会造成先生觉得太太看不起他，老是管他、命令他、教育他、找他麻烦的紧张状态，久而久之，可能就想去外面找别人来肯定他，有不少外遇就是这样引起的。

我问：“你有小孩吧？”

她说：“有，一个儿子，已经八岁多了。”

我问：“将来孩子长大，你希望他被老婆嫌弃不够好吗？同样地，你先生的父母也不希望你这样对他，你能否换一个方式看他？因为他也是别人的孩子，想象一下他是怎么出生、怎么被疼爱、怎么长大的，就像你现在爱你儿子一样。你先生只不过是一个长得比较大的男孩，而你是以你‘父亲’

> 的范型去看他，觉得他应该要这样、要那样，才算是一个好父亲、好先生。但**木马程序就躲在'应该'这两个字下面，'应该'背后就是你预设的一连串标准，这些标准就是让你与他关系紧张的主因**。换位思考一下，如果你先生也以他母亲为模板，拿一堆'好老婆应该要如何'的标准来检核要求你时，你会如何？所以，当你又开始嫌弃他的时候，试着把他当成你的'孩子'，这样会多一些耐心与爱。**爱比任何标准、原则都重要，不要以理伤情才是破解木马程序的关键。"**

我还看过一个很夸张的例子，有一个女子对于爱犬在家里随地大小便都不会生气，若哪一天狗没大小便，她反而担心它是不是健康出了问题，然而丈夫只是乱丢袜子，她就会大发雷霆，对狗无条件的爱与对丈夫的严苛形成强烈对比，她忘了爱比维持家的整洁标准更重要。如果她决定解除"好老公应该如何"的标准，日后应该会过得比现在更快乐，她的老公也是。

模组六：爱情控制狂模组

关于"爱情控制狂"，有一部电影很值得大家参看。

在电影《喜欢你》中，一位事业成功的企业家是高度完美主义控制狂，遇上一个自由挥洒人生与料理创作的女主厨，他所有的爱情控制木马程序都被她一一颠覆与打破。"控制"属于霍金斯意识能量层级表的**第13级**（恐惧焦虑 / 100），与**第4级**（爱与崇敬 / 500）的频率天差地别，这也是为什么许多事业成功的人，感情往往出问题："控制"用在事业上或许可以成功，但放在感情上铁定出问题，因为"控制"出于对自己、他人、环境、未来时间的不信任，但爱情的前提就是"彼此信任、不可控制、无法量化的自然状态"，二者在能量本质上背道而驰。我称之为"双面刃课题"：金钱、事物能被控制，人的情感却不行。

解法→强项平移弱项法：用自己强项的能力，对治自己的弱项。例如，事业成功或是金钱充裕且没有木马程序的人，如果遇上感情的课题，可以列出两个表格。

首先列出自己与他人对待金钱态度上的差异。（见表5-1）

表 5-1

自己	有金钱课题者
不会浪费时间省钱，也不会焦虑没钱，因为要赚随时都有，觉得钱是无限的。	会花很多时间研究怎么省钱，经常焦虑没钱，觉得钱有限。
敢花钱，不会计较小钱，不会跟人砍价，对周围的人很大方，敢承担较大的风险，就算赔钱也不会太担忧。	不敢花钱，会计较小钱，总是跟人砍价，怕被对方占便宜。不敢承担金钱损失的风险，怕钱不够用或是突然消失。

再列出自己对待**金钱**与**爱情**态度上的差异。（见表5-2）

表 5-2

金钱观	爱情观
不会浪费时间省钱，也不会焦虑没钱，因为要赚随时都有，觉得钱是无限的。	会担心自己付出的爱比对方多，担心对方劈腿爱上别人，希望对方百分之百专情，因为爱是有限的。
敢花钱，不会计较小钱，不会跟人砍价，对周围的人很大方，敢承担较大的风险，就算赔钱也不会太担忧。	会计较对方给的爱够不够，不允许自己失控，害怕在爱情中受伤，无法承担失恋被伤害的风险，每次失恋都几乎崩溃到想去死，所以不敢轻易爱上别人，不敢付出全部，有所保留才不会让自己受伤。
能量层级： 第 9 级：勇气肯定 / 200 第 8 级：中性信赖 / 250 第 7 级：希望乐观 / 310	能量层级： 第 12 级：渴爱欲望 / 125 第 13 级：恐惧焦虑 / 100 第 14 级：忧伤懊悔 / 75 第 15 级：冷漠绝望 / 50

通过表格，一眼就能看到对待**金钱**与**爱情**的态度频率差别，也就是说，在爱情上有很多木马程序的人，在金钱上通常没有木马程序。既然金钱是“强项”，爱情是“弱项”，就把对待金钱的态度，“平移”到爱情这部分。

举例来说：当有一个追求者来到面前，你又开始产生一连串的担忧、焦虑、恐惧、没安全感、害怕失去、害怕受伤……就思考自己对钱是什么频率：不焦虑、不恐惧、不计较、不害怕失去……然后把正向的频率平行转移到对爱情的态度上。就像有的人数学比较弱，音乐比较强，就可以在做数学习题时放自己喜欢的音乐，在演算时仿佛自己在写乐章般快乐，如同爱因斯坦是在莫扎特第三号小提琴协奏曲（Violin Concerto No.3 in G Major）的音乐下写出“质能互换”的公式，在舒伯特A大调钢琴五重奏“鳟鱼”（F.Schubert：Piano Quintet in A Major "The Trout"）的音乐下写出“时间膨胀”的公式，在巴赫无伴奏小提琴奏鸣曲（J.Bach Violin Sonata No.4）的音乐中写出“布朗运动”的公式，这就是用**强项频率平移到弱项**的方法。反之亦然，如果爱情是你的强项，金钱是你的弱项，就平移你的正向频率到弱项吧！

下面通过四部电影来解释“爱情控制狂”的概念。

《请以你的名字呼唤我》（*Call Me By Your Name*）

在《请以你的名字呼唤我》这部非常棒的意大利电影中，父亲对正在苦恋的孩子说的一段话非常动人，大意是：“你有一段美好的情谊，我羡慕你。就我的立场来说，许多父母会希望整件事就此烟消云散，或是祈求儿子很快重新站起来，但我不是这样的父母。就你的立场来说，如果有痛苦，就去关照；如果有火焰，也不要掐灭，不要粗暴地对待它。让我们夜不成眠的退缩可能很糟，但眼见别人在我们愿意遗忘前先忘了我们，也好不到哪里去。为了快速治愈问题，我们从自己身上剥夺了太多东西，**以至于不到三十岁就已经破产。每次重新开始一段感情，能付出的东西就变得更少**。为了不要有感觉而不去感觉，多么浪费啊！我从来没有拥有过你所拥有的，总是有什么制止或阻挠我。我们的心灵和身体是绝无仅有的，**许多人活得好像是自己有两个人生可活，一个是模型，另一个是成品，**甚至还有介于两者之间的各种版本。但你只有一个人生，在你最终领悟之前，你的心已经疲倦了。至于你的身体，总有一天没有人要再看它，没有人愿意接近，现在的我觉得很遗憾。我不羡慕痛苦本身，但我羡慕你会痛。”这段话就是给爱情控制狂最好的一段“努力控制不让自己受伤”的箴言。

《哈佛少女的快乐清单》（*Carrie Pilby*）

智商185，18岁就从哈佛毕业的天才少女凯莉，在人际、恋爱上却完全无法进入状况，她父亲请曼哈顿名医佩特洛夫教她怎么快乐，医生给她一份必须在年底前完成的快乐清单：

1. 养一只宠物；
2. 读自己最喜欢的书；
3. 交一个朋友；
4. 找到人和你一起跨年；
5. 与一个对象约会；
6. 做一件你小时候最喜欢的事情。

为了证明医生是错的，凯莉决定随便做一做交差，但没想到清单里每一项都是破解她高度控制狂的利刃。

解法→如果你也中了爱情控制狂模组，你可以给自己开处方，列出年底前你觉得最无意义、最浪费时间的十件事，或是你想做，却被自己、家人、父母、学校、医生禁止做的清单，然后一定要完成，这就是破解控制的方法之一。

《无问西东》

电影中的许师母，以优渥的经济条件绑住了先生，她的高度控制让夫妻感情逐渐冷淡。她想尽办法去找外在原因，虚构了一个情敌，然后想把她弄死，她以为这样就可以挽回先生的感情。当这位“虚拟”情敌从眼前的生活中消失，她再也找不到感情失和的替罪羔羊，终将面对自己无法控制感情的事实，于是只能自杀。这也是之前提到的**“控制导致自毁毁人之木马程序”**。

解法→除非当事人及时醒来或是被旁边人敲醒，否则她就会宛如一辆刹车失灵的车子，失控坠崖是迟早的事。

《来自星星的你》

“英雄救美”爱情童话模组是经常能看到的戏码，也可以说是人间的游戏设定：女孩忙着在画公主，用修图变脸软件，把自己变萌、变美、变公主，期待英雄或王子救她（救美）；有些男人则通过漫威电影把自己设定成英雄，保护、拯救女生才能获得价值感。女生会潜意识自陷于各种需要被保护的困境中，召唤对方来救她，拯救者依赖被拯救者所给的存在感，这很明显是一对“控制与被控制”模组。这样的“公主病”女孩一旦独立自主，中了“拯救模组”的男人会觉得自己不再是英雄，转向找另外一位“待救的落难公主”来建立自己的价值感。

解法→除非两人中有一人醒来，否则两人的“英雄救美”戏是永远演不完的。

结论

每个人的生命都是有限的，总有一天我们会失去身体、名字、身份、财产，如果因为害怕受伤而不敢去谈恋爱，久了虽无伤、无感，但会变得麻木、冷漠、无情。就像是买了车但怕被撞坏，所以停在车库不敢开出门一样荒谬：车子本来就是要开出门，去体验远方的精彩生活的。

简而言之，没有感情木马程序的状态是：**没伴不恐慌，有伴不焦虑**。爱是一种能量流动的状态，从你心中而生，所以一定会先经过你，再流到其他人身上，这就是“先爱己，方能爱人”的道理。**如果不爱自己却声称爱别人，那么这个爱就是假的，只是为了获取别人爱你的交易手段**。也就是说，**你想要体验爱，就要先把自己变成爱的频率本身**，有伴或无伴都没有关系。如果你焦虑没伴，忌妒别人有伴，怀疑对方爱上别人，想与别人争夺同一个情人……这些都与“爱”的频率不相符，是在霍金斯意识能量层级表200之下的感情木马程序。**快筛出这些感情木马程序很简单，出现任何一个因感情的议题而起的念头，都直接问自己：这是爱、信任、勇气的频率，还是恨或恐惧的频率？**

感情木马程序的藏身之处

理想伴侣清单

你的梦想、理想伴侣清单上，逐条藏有你的“感情木马程序”。

如何找出自己的“感情木马程序”？其实很简单，无论你现在有没有恋人，拿出一张纸，根据你心目中的重要性，依序列出“理想伴侣应具备的条件”，然后思考两件事：

其一，这些条件你自己做到了几项？

其二，将每一条比对**霍金斯意识能量层级表**，找出对应200以下的**负向频率带**，你能以此搜到木马程序吗？

举例来说，如果你希望伴侣“负责任”，先问自己是否“负责任”。如果不是，你就必须先让自己做到，只要你做到了，也就不需要要求对方“负责任”。如果你觉得自己是负责任的人，负责任的“标准”有哪些？为何要列这几项作为你理想伴侣的标准？你是出于忧虑、害怕什么才列出这些条件的？这些“忧虑、害怕”的频率就是造成现在或未来两人关系紧张的“感情木马程序”。

我有个朋友W，她在跟前男友分手后七年再度见到这个男生，当初她跟他分手的原因是觉得他“不够负责任”，七年后再见到他，她觉得他转变了，变得成熟有担当，于是两人重新恋爱，并且很快就结婚了。我们见面时我问她："你们现在感情还好吗？"她说两人还是经常会因为理念不合吵架。

我说："是为了'他怎么这么不负责任'吵吧？"

她很惊讶："你怎么知道？"

我说："很简单啊，因为你看到他终于负责任了，所以才跟他复合并结婚，显然你'希望他对你负责任'的木马程序还没解除。正因为你们彼此对于'负责任'的定义不同，所以为此一定会有争吵。"

她说："对啊！我生病的时候请他帮忙照顾小孩，他却要到公司加班。你说他是不是很不负责任？"

我说："对他来说，假日到公司把重要的任务完成，你照顾好小孩才叫负责任。你们彼此对于'负责任'的定义有差距，并且都中了**'负责任木马程序'**，只要有一方解除，不再拿自己的定义与框架套住对方，问题就解决了大半，也能先从痛苦中解脱。但在这之后如果对方继续拿他的标准套向你，你只需看穿他内心究竟在害怕什么，直接打破这个恐惧的幻象就行了，不必跟他一起进入'鬼打墙'的循环，争辩谁对谁错。"

现在请列出你心目中理想伴侣、真爱的条件，依重要顺序列

下来，并填好其他延伸的问题，然后逐一找出中了什么木马程序。（见表5-3）

表 5-3

心目中理想伴侣、真爱的条件。	
你为何想设这些条件？	
你自己是否能做到这些条件？	
如果对方拿这些条件来要求你，你感觉如何？	
你的梦中情人是谁？例如身边哪个人或哪位名人、明星。	
一旦你遇到这样的对象，你觉得自己配不上对方的地方在哪儿？	
你从这些问题中找到了哪些木马程序？	

当你在列“理想伴侣”条件时，同时也正在暴露你内在的匮乏与渴欲（第12级：渴爱欲望/125），**有可能缺的就是爱、自信、安全感，**例如觉得自己不够好，所以找更好的人，这些标准（如：高富帅、白富美、高学历、负责任、忠诚爱我……）与对方之间的差距，就是彼此痛苦与争吵的来源。通过你填写的表格，好好清理隐藏在你的理想伴侣清单上的“感情木马程序”，不要让它们继续破坏你的爱情关系。

举例1：根据几个我观察周围的实际案例，分析整理如下。（见表5-4）

表 5-4

当初择偶的条件与后来产生的问题	真正产生问题的木马程序
她觉得自己没什么学历，所以就找个高学历的科学家，结果婚后嫌老公无趣。	她觉得自己（学历）不够好才是问题，这个觉得自己不够好的频率，投射到对方，觉得对方不够好。
他觉得自己不好看，就找了个高颜值的美女，等到婚后就一直怀疑她跟帅哥偷情。	他觉得自己不好看的自卑频率才是问题，不仅对妻子身边比他帅的人产生恐惧与怀疑，对于妻子看他的眼光也充满了猜疑，因为外在都是他内心看自己的镜子。
她当初因为男友“很了解她”而嫁给他，七年过去了，她却觉得丈夫越来越不了解她，正在考虑是否离婚。	事实上是她不了解她自己，她没意识到自己也会变、会成长。同样地，她也不了解丈夫——**这个想要“了解”的想法本身就带有“控制”的频率**，爱是无法通过头脑来了解的，在自然界没有谁要了解谁才在一起的状况。
因为家境贫穷，父母经常为钱吵架，所以找个有钱人嫁了，结果婚后为了用钱方式（例如钱要花在旅行还是投资）吵架。	觉得自己钱不够的焦虑匮乏频率，才是产生问题的发射器。只有自己经济独立，不倚靠或限制对方，并清除自己的“爱情与金钱木马程序”，问题才能解决。

（续表）

当初择偶的条件与后来产生的问题	真正产生问题的木马程序
她想找一个离家近的伴侣，也方便帮忙照顾母亲，找到了符合这条件的男人结婚后，他因升职必须被调往外地，她正在烦恼该怎么办，她又不能限制丈夫的发展。	爱无法被数字标准化，离家近就是限制对方发展的枷锁，况且不要期望对方一起负照顾母亲的责任，因为对方也会要求你照顾他的父母。爱无法责任化、条件化，拿掉所有的条条框框，让两人的爱恢复本然，没给对方自由自主空间的爱会出问题。
过去曾被男友劈过腿，所以找了个忠厚老实的丈夫，婚后自己却爱上了健身教练。	当初想找忠诚的伴侣背后有“不信任爱，对爱没有安全感”的频率，这就是木马程序。她对爱的不信任频率，创造了一连串“爱无法被信任”的事实。
她是外貌协会，非帅不嫁，等到婚后生完宝宝，身材发福，嫌弃自己又胖又丑，也开始怀疑丈夫有外遇。	把外貌的标准拿走，彼此用心、用生命真实地相处，这组木马程序就会破解。
她事业成功，对钱没有匮乏的焦虑，她的男友经济能力远不如她，她不在意。婚后他希望她拿钱出来帮他创业，不到半年钱全部赔光，两人争吵不断，目前已分手。	她并不是对钱不在意，事实上两个人都有木马程序，他想要事业，她想要爱。
她当初嫁给他的原因是觉得他心地善良，结果婚后他为了在路边帮助昏倒的人而没准时参加父亲的六十大寿，大吵一架。	不是说不要找善良的人，而是不要对“善良”下定义，并成为你对他要求的标准。

（续表）

当初择偶的条件与后来产生的问题	真正产生问题的木马程序
他想找一个像母亲一样对他无条件付出爱的女人，婚后光是嫌对方哪些地方做得不如他妈妈就吵个没完，而且妻子也拿他跟自己的爸爸做比对，抱怨连连。	爱是从自己而来，不是向外索求的，只要想从对方那里“要”爱，注定会出问题。而且每个人爱的方式都是独一无二的，无法确定标准与模拟。
她要求伴侣“诚实”，任何想法、任何事都要跟她说，不能有秘密。婚后老公跟她坦承自己已经没那么爱她了，她才发现自己受不了，也不想听真话。	她要求伴侣“诚实”出自她的控制欲，但“爱”是无法被控制的，于是她的控制会给她出最大的考题。
他要求伴侣温柔，婚后最常被妻子抱怨的，就是他不够温柔体贴。	他所求的就是他所缺的，自己做不到却外求，对方也会拿这个标准来要求他。
她的理想伴侣条件是懂得感恩、感谢，结果婚后为了没在情人节收到卡片与玫瑰花而生气，却忽略了老公那天特意上市场买菜做饭给她吃。	感恩、感谢不是脑中的定义，而是心的频率，对方不一定会用你“想要的方式”表达感谢——你想要的方式，就是你日后受苦的原因。
她当初因为男友对她非常大方而感动地嫁给他，婚后这个优点马上成了缺点，她开始抱怨他乱花钱！	没有所谓的优缺点，只有特点。当你只看到对方的优点，表示你没看到它正是你所谓的缺点；当你只看到对方的缺点，表示你没看到它正是你所谓的优点。
她希望找对自己好的男人。	她中的木马程序非常有可能就是“对自己还不够好”，所以期待别人对她好。

举例2：我在网络上搜集了一些男人关于“好女人”的标准，初步找到隐藏的木马程序如下。（见表5-5）

表 5–5

	男人心目中好女人的标准	隐藏的木马程序
1	聪明，有话聊	如果有一天两人没话聊，或是对方想安静休息但你很想继续聊，怎么办？如果日后遇到另一个“更有话聊”的人怎么办？
2	尊重我的不同	“需要别人尊重你的不同”本身就是木马程序，表示你的自我认同与自信还不够，对方永远也无法无止境地帮你填洞。
3	觉得我很帅	“需要别人觉得你很帅”本身就是木马程序，表示你很在意别人对你外表的看法。
4	懂得倾听	请先问自己是否也能做到这点。
5	有自信，个性独立，经济独立，不依赖我而活	请先问自己是否也能做到这点。另外你害怕伴侣会拖累你的担忧频率，将会是未来两人争吵或是疏离的未爆弹。
6	有心与我的家人、朋友相处	请先问自己是否也能做到这点。
7	让我想成为一个更好的人	表示现在你觉得自己还不够好，这就是木马程序。
8	愿意给我空间，充分信任，相对自由，尊重我的隐私，不随意跨越我的领域	请先问自己是否也能做到这点。未来光是定义何为你与对方的隐私界线，就有得吵了。

（续表）

	男人心目中好女人的标准	隐藏的木马程序
9	懂得保护我	在哪些时候、哪些场合，以什么方式“保护你”，这是两人要磨合的地方。此外，对方如果也对你提出同样的要求，你有办法完全做到吗？
10	永远都在成长，甚至比我更迅速	对“成长”“迅速”的定义与标准，就是两人日后吵架的根源。
11	识大体，很开明，非常尊重我，给我面子	“需要人家尊重你，给你面子”就是你的“不自信”木马程序。
12	对我一心一意	对“一心一意”的定义与标准，就是两人日后吵架的原因。
13	很勤快，能吃苦，对家尽心尽责	对“勤快”“吃苦”的定义与标准，就是两人日后吵架的根源。
14	很知性，有情趣，对生活很用心	请先问自己是否也能做到这点。况且“知性”“有情趣”“对生活很用心”的定义两人若不同，请问以谁的为准？
15	心眼好，脾气小，能包容，能吃亏，不去计较谁在爱里付出比较多	请先问自己是否也能做到这点。
16	没有过多的物质欲望	这个“过多”的定义与标准，就是两人日后吵架的起源。
17	身体健康，并懂得养生之道和基本医学常识	请先问自己是否也能做到这点。

（引自 MF MAN’S FASHION 网站等）

举例3：你可以问自己："爱对我而言代表什么？我关于爱的定义是什么？"这个方法可以为自己找到爱的木马程序。以下以学员们的回答为例。（详见表5-6）

表 5-6

爱的定义	可能隐藏的木马程序
爱＝家	离开家就没有爱？ 鸟的家在巢还是天空？ 鱼的家在哪儿？ 你对于"家"的定义，决定了你爱的自由度。
爱＝付出	难道接受就不是爱？被爱也是需要智慧与勇气的，没接受对方的爱，等于没给对方付出爱的机会。爱无法分辨给与受，一旦企图分辨给或受，就是头脑创造痛苦的开始。 另外，关于"付出"的定义，究竟送花、给钱，还是给你做饭？哪一种付出对你而言是"爱"？这也是对爱设限之木马程序。
爱＝包容、忍耐	在大自然有谁在包容谁、忍耐谁？山在忍水？云在忍受太阳？花在忍受蜜蜂？……把包容与忍耐这样的概念放在大自然中很怪，所以也不要把它放进爱中。

当你对爱设标准，每条"理想""梦想"条件，都将变成现实残酷的考题，同时也变成框住两人的狭窄牢笼，变成双方争吵与痛苦的来源。这份由你列出来的"理想伴侣"的考题，考的就是无条件、无标准的爱。如果你已经有伴侣，可以回溯当时选择对方为伴侣的理

由，想一下，这些理由是出于爱还是恐惧的频率？其中是否有导致你们之间相处问题的木马程序？范可钦说："所谓爱，就是当一见钟情、激情、蜜月期、存款、美丑胖瘦、名利成就、健美好身材、年轻脸蛋、乌黑茂密的头发……统统拿掉之后，你仍然珍惜对方。"我们也可以反其道而行，既然知道答案是"无条件的爱"，遇到任何问题就以这个最终答案来思考自己该怎么选择、怎么面对、怎么做。

收藏的关于感情的文章，喜欢的歌词与戏剧

木马程序最常通过媒体，特别是互联网渗透式的传播形塑而成，以至于几乎每个人多多少少都中了感情的木马程序，只需要通过**深度分析你所认同、转发到微信朋友圈，甚至收藏进"最爱"标签中关于感情的文章就能发现**。但我们之前提过，中木马程序的人会有"盲点"，所以自己可能看不出来是哪里中了哪组木马程序。通常是与自己持相反看法，或是与自己感情状况不同的朋友比较容易看得出来，因为他们的视点可以看到我们的盲区。

你印象最深刻的戏剧对白、书或网络上的佳句、座右铭

举例来说，如果你认同"先谋生，再谋爱"这句话，那么你就要深究自己到底"在怕什么"，才认同这句话。为何要用"谋"字？为何要有先后？换个方式来说，如果有一个人跑过来跟你说："我要'谋'你的爱。"你敢跟对方谈恋爱吗？"谋"这个字本身就与

“爱”的本质相悖，“谋”代表谋略、谋算，属于“头脑”而不是“心”，爱无法“谋”来，因为爱的本质是信任、敞开，如同母亲在哺育孩子时不可能在“谋”爱。爱是一种自然流动的能量，不分给予者与接受者，所以**“谋”**字就是感情木马程序的关键词之一。另一组感情木马程序则暴露在“先……再……”。当你觉得谋生比谋爱重要，表示你已经有**“生存的焦虑与恐惧”木马程序**，而且把谋生放在谋爱之前，表示生计比爱更重要，那么在未来的关系上，关于生计、生活费、财务问题将会是破坏两人感情的矛盾点。例如：如果你认为要先有房有车，再谈爱、再论婚嫁，那么婚后想换什么房、换什么车就是吵架的根源，因为欲望永无止境。

有位学员问过我一个问题：“我付出这么多，难道不值得更好的吗？”问题就出在“有付出必有收获”的潜在木马信念，以及估量“多”“值得更好”的算计心。爱无法衡量、计量、计较，把尺度与量秤放入爱的关系中，一定会产生一连串的问题，对方也一下就能感觉到你对爱的匮乏、评估与索求的压力。类似的例子还包括：“若无相**欠**，怎会相见？”“你爱我？我**更**爱你！”“欠”“更”就是隐藏的木马程序关键词。

现在来检查一下，自己脑中存放的讯息有哪些？翻看在微信上收藏分享的文章、书柜里的书、电脑里的影片、搜索引擎搜过的关键词……看一下这些为现在的自己创造了什么优势（你抓着不放的原因）和问题？对于自己的过去、现在、未来可能有哪些影响？

你最喜欢的情歌歌词

请你写下喜欢的情歌歌词，就是那种你可以直接唱出来，或是去练歌房想点的情歌。列出来之后再往下看分析。（见表5-7）

表 5-7

	你喜欢的情歌歌词	从中发现的爱情木马程序
1		
2		
3		
4		
5		

我有个朋友在杂志社做主编，苦恼于老公有外遇总不回家。有一次她约我去唱歌，她点的第一首歌居然是《爱上一个不回家的人》。我问她怎么会想点这首，她说她从高中起就很喜欢这首歌……她没意识到这首歌正暴露了她的爱情木马程序，这个频率创造了生活中的真实。

有位学员的问题是她的感情很难维持长久，我问她关于“爱情”这两个字，第一个蹦出脑海的句子是什么。她说：“你值得更好的人。”所以每段感情都会被她内建的木马程序推翻，为的是创造出下一个“更好的人”。其他类似的歌词还包括（见表5-8）：

表 5-8

	歌词	矛盾点，以及隐藏在话里未说出来的真实频率
1	爱是恒久忍耐	以和为贵，不敢说出自己真正的想法，怕说真话对方会生气，选择不说话或是说善意的谎言，这个隐忍的能量就是木马程序发作的频率。
2	爱一个人好难	不敢爱，不敢接受别人的爱，对亲密关系有恐惧。
3	就在今夜，我要离去，就在今夜一样想你	把爱直连到分手、分离的木马程序。

难忘的戏剧对白、剧情

如何从戏剧中找到自己的感情木马程序呢？有一位总是身陷在两个男人感情之间的女子，我问她最喜欢的电影或戏剧是什么，她不假思索地说《歌剧魅影》。她从没想过自己一再重复的感情剧目“三角关系”，就在这出戏上有所呼应。另一个学员很喜欢《后宫甄嬛传》，导致的问题就是：她对于男友身边的女同事、女主管、女客户总是猜疑，中了**“爱情疑心病：怀疑全天下女人都忙着跟她争抢男人”**的木马程序，老是无意识地想要打扮得更美，以为要与所有女人争奇斗艳才能抓住这个男人。这就是入戏太深、草木皆兵、无处不情敌的后遗症。所以我在看电影、戏剧时会**开启两个视点：一个是进入剧情，另一个是在旁边观察自己对哪些剧情角色入戏**（认同），从而深入搜索出自己隐藏的木马程序。

小结

从自己喜欢的歌词、电影、戏剧中找到自己没察觉的感情木马程序很重要，看看自己特别喜欢哪句话，对哪部电影有共鸣，然后想想跟自己的感情问题有没有相关性。你当然可以继续听歌、看戏、追剧，但请打开探照灯，同步搜索出自己的木马程序，然后再清醒地决定还要不要继续被影响下去。

解决矛盾点

网上有个短片《对暗恋的人说一句话》，呈现的都是爱情“矛盾点”的独白。你对以下哪句话有共鸣，或心有戚戚，那就是你中的木马程序。（见表5-9）

表 5-9

独白	隐藏在话里的真实频率
暗恋你，是我演得最**成功**的一场**独角**戏。	两人还没开始，就已经设定为“独角戏”，他到底是希望跟对方好好恋爱，还是真的只想要暗恋？
我们**不会有未来**，只要你过得好就好！	两人还没结束，就已经设定“不会有未来”。
也许再也不会相见了，但我还是会爱你。	两人都还在进行时，她已经预设了分手的结局，还爱着他的她，到底是想要在一起还是分开？
我发现是我**勉强**你了，以后**不会**了！	对方不照他所想的方式发展感情，他就认为是自己“勉强”了对方，他的期望才是问题的主因，这个核心点若不解决，就算换个人也是一样的。“以后不会了”也代表放弃沟通的状态，这句话的能量是负向地背离爱，但他内心其实是想要这份爱。

（续表）

独白	隐藏在话里的真实频率
我**再也不想去喜欢不喜欢**我的人了。我现在只想找个喜欢我的人，**不想再暗恋**别人了。	她已经设定“她爱的，都是不爱她的人”，她觉得自己不够好，配不上自己喜欢的人，或是她会去找她爱的人“不爱她的证据”，这就是木马程序产生问题的所在。
既然不喜欢我，为什么要做这么多令人误会的事？	“既然不喜欢我”是她的设定，她也会很快把它变成“结论”。
你还是**别理我**了吧，不然总让我觉得还有可能。	请问他到底是想要她理他，还是不理他？ 其实他是希望她理他，而且要照他的方式（有点威胁意味），但他的语言与内心想表达的完全相反，对方也无所适从。
她让我觉得我们的关系不只这样，**却又只是这样**！	“却又只是这样”是他的设定，导致爱无法进入他内心的高墙。
怎样都行，就是**别让我再听到你的消息**！	其实他还是很关心对方，但又怕受伤。对方或许没有想过要伤害他，是他不自信与恐惧的能量把爱挡在外面，这就是矛盾点。
我**没有等你**，我只是还没办法喜欢上别人！	面子挡住心，自尊挡住爱，怕自尊受伤的恐惧能量把爱挡在外面。
我还在努力，你**能不能慢一点**再喜欢别人？	她已经设定“对方最终会喜欢别人”的结局。
我变得更好是因为你，但不是为了你！	意思是“我为你变好，那你呢？”**这句没说出来的话，才是她真正想表达而造成对方压力的真正频率**。 →怕自尊受伤的恐惧能量。
你知道吗？你的约，我总是全力以赴！	“所以我的约，你也应该全力以赴！”**这句没说出来的话，才是造成对方压力的真正频率。**

（续表）

独白	隐藏在话里的真实频率
你知道吗？我一直瞒着所有人喜欢你！**只有上帝**才知道我有多想你！	怕自尊受伤的恐惧能量，就是阻“爱”的木马程序。
你知道吗？你是我**第一个想把自己交出去的人！**	“所以你要对我专情、对我好。”**这句没说出来的话，才是造成对方压力的真正频率。**
你知道吗？你说什么我都能听进去。	“那我说的你都听进去了吗？”**这句没说出来的话，才是造成对方压力的真正频率。**
你知道吗？我**忌妒**你身边那个人。	他的“不自信导致怀疑”模组，才是后续造成两人感情猜忌与争吵的来源，也就是说，他的疑心病可以从怀疑她的同事、忌妒她的爱犬、跟她的闺密吃醋……一路演到底！
你知道吗？我最讨厌和最喜欢的人**都是你！**	这句话真正的状态是：他最讨厌与最喜欢的人也是他自己，他焦虑的能量摇摆不定，而且把问题与责任都归咎于对方，让其无所适从。
要么**一生**，要么**陌生**！	他到底要一生还是陌生？从这矛盾点可以看出他有很强的控制欲，若感情不照他的方式发展，就不必在一起。这个控制欲与矛盾，才是木马程序的频率，与爱、信任的频率背道而驰！
我会喜欢到我**放弃**，你知不知道没关系！	他已经设定了“放弃”的结局。 其实只是想让对方知道他喜欢她，怕自尊受伤的恐惧能量，就是阻“爱”的木马程序。
从此**不想起、不忘记**、不打扰。	“不想起”“不忘记”本身就矛盾。
我**希望**你**孤独**，而且长命百岁。	“你若没跟我在一起，最好孤独到死。” 这种控制欲、愤怒、暴力，才是木马程序的频率，与爱、信任的频率背道而驰。

从以上这些例子看到，一旦中了爱情木马程序，就会进入“害怕得不到、害怕被拒绝、害怕失去，所以不敢拥有→永远失去→不给自己与对方拥有爱情的机会”的恶性循环，正因为他恐惧将来会失去爱人，所以选择忍受孤独的暗恋比较安全无伤，爱也很难进入恐惧防卫的高墙，往往剧情会直接往“单恋—暗恋—失恋”的方向走。若顺利进入一段关系，也会因为害怕失去而努力讨好，怕对方不高兴，怕对方离开他，所以经常隐忍自己不同的意见，总是说“只要你觉得好就好”。这样的状态很容易相应吸引“控制狂”，而他内心压抑、牺牲久了的不平衡总有一天会爆发出来。在《看不见的伤更痛》一书中提到：“弗洛姆曾说，服从和敌意是一枚硬币的两面。当他们习惯于顺从对方，却也同时抱怨对方，这就变成隐性的敌意，夹杂在不可说的冲突里。”也就是说，这个“怕失去对方”的焦虑与恐惧频率，才是产生更多焦虑与恐惧，导致隔阂甚至貌合神离的原因——**不怕“没有”，不怕“失去”，才能爱无惧，能做到“无所谓”才过关，**在爱情或金钱议题上都是同样的道理。

对于男人或女人的分类

由Akin（埃金）创作插画的动画片《男人的四种类型》[①]将男人分为男孩、花花公子、困惑男子、真男人。影片诠释这四种男人的方式，其实也充满了各组常见的“感情木马程序”，下面来做一下深度剖析。

---

① 引自 Akin Al-Ameen，Niusnews 网站。

1．男孩

（1）**影片中的定义：**有一种男子，不管长到几岁都是“男孩”，因为心智年龄与生理年龄永远不会是同一件事，年纪渐长或许可以代表外在的成熟，但却无关乎心智成熟与否。而这些内心幼稚的 Little Boy（小男孩），不在乎另一半的感受，不懂得如何组织一个家庭（甚至也不打算学习），因此身为这种男孩的另一半，必须处处包容并学习坚强。他宁愿花钱打扮自己，也不愿多花点心力增进自己的才能。他可能会跟朋友吹嘘与另一半之间的亲密事，甚至在遇到事情时，需要妈妈帮他做决定（妈宝）。他没有责任感（也不想要有），凡事都以自己为优先。

（2）**感情木马程序：**他们大部分都有控制欲强的父母，经常宠溺他，为他做决定，所以他也就不想长大，安于现状。即使到了成年，甚至中年都还在买自己喜欢的 3C 产品或玩具，对理财没什么概念，想花就花。他不太想结婚，因为还不想这么快长大负责，所以有时会是先有了小孩，不得不结婚的状态。

他希望找到像母亲那样能给他无条件宠爱、溺爱，但又不要太管他，也不要求他负责任的伴侣。

与伴侣经常吵架的点：对方想固定下来、想结婚，但他不愿意，因为他的童年还没过完。

换个性别，如果是“女孩型”的女人，她们通常在找“爸爸型”的男友或老公：有责任感，不离不弃，无条件宠溺自己，能包容自己的任性、公主病，旁边没人时什么都能干，身边有人时立马瘫。也等于为自己设了“英雄救美”的爱情童话模组：本来不需要被救，但为了吸引英雄来，硬是把自己弱化，这本身就是一种“不真实”的状态，被压抑隐藏弱化的能量，之后会转成向对方索求，或是要求对方要变成更厉害的英雄的压力。

（3）**易吸引怎样的女子前来与之对应功课**：他倾向找帮他打理好一切的“母亲型”或“熟女型”女友，所以易吸引控制欲强的女子跟他对应爱情功课，这样的女子经常想要“教育、改变、管理好”男方，因此经常配对在一起修爱情的功课。

（4）**破解木马程序**：

女方要学的功课：

爱不等于上进、责任、义务，否则彼此对“责任、上进、义务”的定义就是吵架的根源。自己要学会放掉“控制欲”，放掉对方“应该”要如何才表示爱你的标准，否则只有无穷无尽的自苦。

女方破解这组木马程序的态度：

把自己也当成孩子一样，跟他一起玩乐，享受延长的童年，欣赏他不按牌理出牌的无厘头，他正是可以破除你“控制狂”木马程序的最好伴侣。

2. 花花公子

（1）**影片中的定义：**花花公子是那些能言善道、有才华、打扮举止得体、外表通常在水平之上的男性，他们可能还常常“有点小钱”，很会讨女生欢心。并不是说有以上特点的男性都是个Play Boy（花花公子），但是许多Play Boy都有这些特征。Akin表示，这些男子很懂女生心理，所以刚开始时会做许多浪漫事，说许多甜蜜话，让你觉得自己是全世界最幸福的女人，但等到他失去新鲜感后，一切就会立刻变调。

你会开始找不到人，他会开始百般冷淡，以前他说过的海誓山盟瞬间都变成空，你开始检讨自己是否不够好、长得不够美、身材有点胖，但其实这都不是重点，重点只是玩家还是想玩，还有很多女人在等他捕获。即便你今天是斯嘉丽·约翰逊，花花公子腻了就是腻了，他只是想要新鲜感。

（2）**感情木马程序：**虽然外表看起来很自恋，但其实他内心底层没有自信，所以通常会过度在意自己的外表、成就、房子、车子、财富等外在条件，以及别人对他的评价。

（3）**易吸引怎样的女子前来与之对应功课：**易吸引对爱情有浪漫幻想，本身有“觉得自己不够好、对爱没有安全感、占有欲强、忌妒心强”的女子跟他对应功课。

（4）**破解木马程序：**

女方要学的功课：

花花公子型的男人会给你想要的，一旦他走了（通常他一定会走），他留下的空洞就是你本来的空虚、空缺，他就是爱情“抓漏”考官。

你通常也不甘心这么快就放手，这也是日后“求不得”之苦的来源。

你可以想一下，如果打电话给他，他没接电话，你脑中跑出来的念头是什么？如果你觉得对方正跟别人在一起背着你“偷吃”，你应该已经中了“爱情疑心病”木马程序，疑心久了，可能就变成真的。

此外，如果你认为花花公子型的男人是渣男，那么你就要仔细检查自己是否为“目标导向、爱立标准的控制狂”，因为如果你懂得欣赏一个人的全部，而不是以某些特定标准来判定他是“好男人”还是“渣男”时，你自苦的课题就会瞬间解除。

女方破解这组木马程序的态度：

先处理好自己对爱没有安全感的焦虑，不要将对方的行为视为是由于自己不够好，把重心拉回到自己身上，将自己的身心状况调整好，即使对方不在，你依然可以过得自信愉快，有自己的好友圈与生活。

3. 困惑男子（迟疑模组）

（1）**影片中的定义：**第三种男性是所谓的“困惑男子”，对于爱情或许很专一、很爱你，也非常在乎你的想法与感受，甚至没什么缺点。你们之间的相处没有困难，但最大的问题是，他永远不开口说要跟你“结婚”。不是你不够好，只是因为他还没有办法确定，自己想要怎样的人生。

当然，并不是说一定要“结婚”才能代表爱情的坚贞，但 Akin 告诉我们，“容忍与无知”有很大的差异。若你身边的那个他，并不知道自己要的是什么，他就不知道自己的人生正在往哪条路上前进，去“容忍”这样的男性只会让人担忧你们的未来，因为你也会被他影响，不晓得自己能往哪儿走。

（2）**感情木马程序：**与“男孩型”的男人有些类似，可以说是“男孩型”男人的分支，但是多了“不自信：觉得自己不够好”“害怕失败”模组。他可能也有个掌控欲很强的父母，所以很少有自己完全做决定的机会，加上他有“害怕失败”的木马程序，以至于有“选择困难”的状况。

他在自己的人生、人际、工作、生活上多半犹豫不决，害怕承担决定之后不好的结果，所以通常会问许多人的意见，但还是迟迟不敢做重要的决定或决策。

（3）**易吸引怎样的女子前来与之对应功课：**易吸引“强势型”“争赢模组”的女人与之对应功课，男人也经常为“自尊”而争吵。

这样的男人容易陷入三角关系，因为他也不知道自己究竟喜欢谁，无法对既有的伴侣做干脆的决定，但也一直给第三者承诺要她等他，所以经常让第三者等到天荒地老，始终等不到他的离婚，在爱上面“求不得”之苦正是“争赢模组”女人的基本题型。

对应的第三者，潜意识觉得自己不够好，怕对方与原伴侣离婚、跟她在一起后，会看到她的缺点。

如果你正是这个“第三者”的角色，请问自己：如果他终于离开原伴侣，跟你在一起，你最害怕什么？担心什么？你会马上答应跟他在一起而毫不犹豫吗？

我问过正陷进三角关系的学员：“如果对方真的离婚跟你在一起，你最害怕什么？”她说：“怕自己的缺点被近距离地看见。”所以其潜意识想跟对方保持距离（她自己的表意识没发现，却还一直希望对方能离婚跟她在一起），所以对方通常也以离不了婚为多。

（4）**破解木马程序：**

女方要学的功课：

学会放手，爱不是争输赢的目标物。对方是否跟你在一起，与你的好坏无关，要深究自己是否总是陷入这种三角关系。

有个经典故事就是：两个女人都坚称孩子是她的，所罗门王说："那就拿刀劈开，一人一半。"真正的母亲就喊道："没关系，就给她吧，别把孩子砍了。"愿意放手的才是真爱他的。电影《摘金奇缘》里就有这个例子。三角习题考的其实就是如何在牢笼中学会"无条件"的爱，真正懂得爱的真谛者愿意放手，不为难对方，成全对方，放下恨，也从爱的执念中放过自己，就如同把水滴放回大海，回归更广大的爱的海洋，早了悟就早解脱，这也是成全对方的大爱。电影《违命》里有很精彩的案例可参看。

女方破解这组木马程序的态度：

不要为他做决定，也不要逼他做决定，专心处理好自己的部分就行了。

4. **真男人**

（1）**影片中的定义：**最后一种类型是"真男人"，真男人是成熟稳重的，无关乎是什么年龄，他已经不想在外面拈花惹草，只想要专一地经营你与他之间的感情。他有肩膀，有责任感，而且在乎你的感受，在各个方面都会为你考虑，并且尊重你的决定。Akin 说，所谓的真男人言行一致，不会乱开空头支票，他会用行动证明对你的爱。这样的男人，会与你分享他所拥有的一切，你们会是彼此最亲密的朋友、伴侣、家人。

（2）**感情木马程序：**真男人也有些近似“梦中情人”，或称之为“白马王子”“完美男人”，是许多女人都会列为“标准”的典范。但如果女生自己带着“怀疑”的木马程序，就算对方再专一，还是敌不过她的疑神疑鬼；就算男方再有责任感，只要不符合女方自定义的“责任感”标准，就会瞬间从真男人、好男人、完美男人变成渣男。

但其实“真男人”就是最大的木马程序，也就是说，如果你希望对方如何，不只是要先问自己是否能做得到，而且要问自己：为什么要设这些标准？究竟自己在担心什么？害怕什么？这些要求、标准背后的担忧就是木马程序。

（3）**易吸引怎样的女子前来与之对应功课：**易吸引“不觉得自己完美”的女人前来对应爱情功课，因为有时候那些别人觉得他外在一切都很完美的男人，内心会觉得自己不完美，所以要努力让自己外在达到完美。于是他内心“觉得自己不完美”的频率，很容易吸引相同类型的女子前来对应功课，考题就是：究竟是谁的完美才算完美？完美与真实之间的距离，就是彼此痛苦的根源。

（4）**破解木马程序：**

女方要学的功课与态度：

放掉真男人、理想男人的标准，让他完全做他自己，否则你就算一开始认定他符合你“真男人”的所有标准，

> 若有些标准别的男人做得比他更好，那你岂不是要换人爱了？

每个男人都是以上四种（甚至更多种）的混合，就看他对应在哪种女人面前。我们经常看到这样的案例：他在A女子面前被说是“渣男”，但在B女子面前却变成了“真男人”。一个人在妻子、母亲、丈母娘、女老板、女部下、女儿前的面貌可以完全不同，也就是说，没有人只固定属于其中一种分类，就看对方散发出怎样的能量频率——没有永远的好男（女）人或坏男（女）人，当你带着评断、索求的能量，对方只好逃开，被你视为渣男（恶女）。我们可以透过自己的对应模组，看看如何调整频率，往往只要你一变，对方以及对应课题就会瞬间改变。

可以拿一张纸画出“男人（女人）的四种类型”，从这些分类中找到自己的感情木马程序，用上述示范的分析方式，深度扫描自己的感情木马程序，因为分类的标准本身就是框架。

小结

格桑花说：“真正的爱是一种无为。它没有要求，没有任何恐惧的阴影，也不隐藏任何掌控的企图。它像太阳给予万物光和热一样，给出本性的能量。”

爱情就是修行当下的道场。《一句话的力量》中讲道：“遇见爱你的人，懂得感恩；遇见你爱的人，懂得付出；爱与被爱都很幸福！”如果再拉高维度，更进一步完整定义什么是“没有感情的木马程序”，那就是“**没伴不恐慌，有伴不焦虑，不怕孤单也不怕失去，有没有伴都一样活得很好**”。因为爱不是通过头脑来学习，而是要经过心，让所有“不当学习”的框架消散，才有爱流进呼吸的空间。

第六章

天赋、梦想与金钱的木马程序：无成本、无上限之天赋财富学

chapter six

关于天赋的木马程序

找到自己最核心、最独特、最有热忱、乐此不疲、光想到说到就很兴奋、不在乎成败或是否赚钱的天赋。

在长达二十年的教学经验中，我发现人们之所以还没找到天赋，不是因为没有天赋，而是天赋被木马程序的玻璃罩盖上了。比如父母常问孩子："你怎么不去找工作？你现在做这个会赚钱吗？"孩子没有机会探寻自己的天赋、兴趣所在，加上不自信，听从父母找了一个只为赚钱谋生但自己没兴趣的工作。他无法从中找到充电般的活力，耗损久了就无力，想转行又没勇气，结果非常不快乐。除非被迫辞职，逼自己去找喜欢的事，找到"天赋生存动能"，才有机会解套——这种类型的天赋木马程序绝大部分遗传自父母，其次来自学校的僵化教育。一旦中了天赋的木马程序，要脱困就得用之前提到的"类惊吓解制约"或"全消除并重启"的方式。也就是说，如果你现在还在找工作、考虑转行、很想退休，表示你还没有在自己的天赋之泉上开花。

有个妈妈问我："我的孩子先是学小提琴，没多久就放弃了；现在才刚学钢琴，他又想要放弃。我应该让他继续随性地探索别的乐器，还是让他坚持下去？"我的回答是："先有音乐才有乐器，如果他没有对音乐产生兴趣与热情，是不会对乐器感兴趣的。你可以先引导他喜欢音乐，让他找出自己喜欢的曲子，他就会有动力去弹奏这首曲子，无论选哪种乐器都行。可以带他去感受大自然，让他在森林水瀑中随兴哼出曲调，自己作曲，这样他就不再只是个音乐弹奏者，而是一个创作者。"

如何知道自己是否有创意动力？如果看到一幅很喜欢的画，你的第一个念头是：

1. 拍照；
2. 买下复制品；
3. 努力赚钱买下原画；
4. 自己画。

你可以看自己选哪个答案，就知道自己的创意动力层在哪儿。

我见过许多很有才华的人，在绘画、写作、音乐上都很厉害，但对自己很没信心，每创作完一个作品，甚至有时连创作都还没完成，就让别人给作品提意见——这就是"不自信"模组形成的天赋天花板，频率落在霍金斯意识能量层级表的第13级：恐惧焦虑/100，比较糟的状态甚至会落到最后一级——第17级：羞愧耻辱/20，觉得自己画得很烂、写得不好、弹奏很差、口才与表达能力不佳……最后总是归咎于自己没有天赋（也可能是被父母或老师植入了**“自己不够好”**模组）。

人的大脑里有一块“安定领域”，会记忆自己说过、听过的话并加以定型，这样可以节省脑力，但也会内化简化为木马程序模组。例如，如果我们觉得自己没天赋，我们也只会成为自己相信的人，结果本来会的事，突然就变成不会了。“以为自己没有天赋才华”是最大的幻象，使我们无法发挥真正的实力，电影《马戏之王》（*The Greatest Showman*）、《神秘巨星》（*Secret Superstar*）都是很棒的案例。

试想，如果一朵花觉得自己很丑，要怎么才能开花？在鸡蛋里的小鸡如果没自信，也就没有勇气啄壳出来了。“自我肯定”落在霍金斯意识能量层级表**“爱与信任”的正向频率带中**最基本的第9级：勇气肯定/200，没有这点自信，再强大的天赋光芒也会被“羞耻、怕丢人”所掩盖。也有些人已经发挥出天赋才华，但面对更大的舞台与机会却退缩不前——问他们一旦出名会如何？他们的回答就正是限制自己未来的玻璃天花板：怕有名、有钱会引来灾祸。但天赋才华一放光芒就是无限无边界，能挡住它的只有自己的木马信念。

信任是创作者思想波强度的指标，信任自己、信任环境是最基本的创作要素。有信任，万物才会交合繁衍；有信任，创作者才有生命的创造动力。如果我们处在恐惧中，对生存没有安全感，就会缩起自己、防备别人、随时迎战，与别人做有限资源抢夺式的竞争，怎会有心思、时间与自由空间发挥天赋与创造力？

爱因斯坦说，想象力比知识更重要，因为知识是有限的，而想象力是无穷的。他没有与别人不一样的天赋，有的只是强烈的好奇心——就是这个好奇心才能打破木马线。就像有的人不怕没有钱，对钱没有失去的恐惧，**对自己喜欢的事有信心，无论有钱没钱都会去做，再多的钱也诱惑不了他去做非天赋的事**（对自己的天赋坚定自信）。**没有钱、没有资源、被拒绝、失败都阻止不了他继续完成天赋的决心**（不害怕匮乏的勇气）。因为他非常自信，相信只要专注创造，自己做到最好，自然会吸引注目与资源，所做的事自然就会创造价值。

才华天赋就是人的矿源、水源、发电厂，在自己身上随时都有，是使自信不匮乏的能量，就像高尔夫球选手泰戈·伍兹、导演李安的例子。我很喜欢诗人木心的一句话：因为人生一直撞墙，所以画墙。

天赋创造财富，需要无中生有的能力，重点不在钱（数字），而在于你要去哪里。一个对自己有信心的人，就算是第一次拿起画笔、乐器、稿纸、摄像机，也会觉得自己首部作品很棒。如果愿意把自己融进纯粹的创造之流，就会感到其能量之大，根本没有“批判自己的空间”——作品会完成它自己，创作人无权干涉，就像父母生下孩子之后，孩子就有了自己独立自主的生命与命运，不属于父母——作品也是同样的道理，它也是被自己书写出来、画出来、唱出来的，一旦诞生就与创作者无关了，作者无可置喙，这就是《打造创意版自己》一书中提到的“创作流”[①]。只有在这种状态下，方能接近霍金斯意识能量层级表第2级：安详极乐/600，把焦点转进内在真我，就能发现取之不尽、清澈无碍的天赋源泉四溢无边。

每个人都有“天才版的自己”，都有属于自己最独特、最有热忱、最乐此不疲、光想到说到就很兴奋、不在乎成败与否、不在乎是否赚钱、如花蕊般最核心的天赋，只要把频率调对就行了。这喜悦、亢奋的频率强大到可以开天辟地，人们做这事时是被灌饱能量，这频率自带强大的行动力，完全不需要逼自己去“刻意努力”。

资源、天赋、才华本自具足，能点石成金、无中生有、自带财富，可以帮别人解决问题、增加价值，又能带给周围人更好的状态——无成本、无上限，大家一起好就是创造者的高维层次。

我们可以从创意的角度理解爱因斯坦所提出的质能转换公式：

$$E = mc^2$$

E ＝能量（Energy）

m＝魔术、魔幻（Magic）

c ＝创意（Creativity）

---

① 肯·罗宾逊和卢·阿罗尼卡在《让天赋自由》一书中说：“进入神驰状态就是进入天命深处的核心，当你心手合一，你的天命体验立即转化，让你变得心无旁骛、专心致志，能够活在当下、浸淫在当下的经验之中，以你的最佳状态发挥所长。”

做自己喜欢的事，会产生强大的专注与激情，其动能自然会超越没有热情的人。更精确地说，带着好的创造频率去做，工作就会蜕变成自己喜欢的工作，因为没有任何工作可以限制你的想象力与可能性：保安人员可以写小说，酒馆服务员可透过观察人来写剧本。而带着不好的频率去做，例如被目标、期望绑死了兴趣与热忱，即使是自己喜欢的事，最后也会变成不喜欢。

换一种角度来说，其实每个“自己喜欢做的事”，都会绑着自己不喜欢的事，就像有人因喜欢美食而开店，但讨厌算账、查账；有人喜欢唱歌，但讨厌演唱会前的冗长彩排……每个打包在天赋礼物里的木马程序，我们都得承受。

以我自己为例：我很喜欢写作，也喜欢分享给别人，但我很讨厌缓慢且琐碎的校稿过程，我的“抢快/抢先”模组、“完美主义控制狂”模组、“爱纠正别人”模组，让我每次发现书稿里的错误，都成了不耐烦地抱怨编辑不够细心的噩梦过程。接受媒体采访、举办签售会，也是我无比痛苦的时刻，因为我只喜欢写作，并不喜欢抛头露面，所以总会跟出版社的营销人员抱怨我是出“书”，不是出“脸”。

后来我从中发现自己“怕出名”的木马程序，回溯母亲最常跟我说的一句话就是“不要出名，出名会很危险，树大招风”，我中了这组木马之后信以为真，认为“名等于灾”，还自己加上了“名等于不自由”的认知，把“出名”赋予了“恐惧”的频率，也限制了自己更大的可能性。但出版社不可能让我不校稿、不宣传，为了完成写作出版，我只好面对自己的木马程序，想办法**把讨厌做的事的负向频率转为正向**，例如校稿时播放让自己开心的音乐，边校对边读出声来，想象我正带着爱的频率念给自己的好友听；把上台面对读者、采访面对记者都当成是跟好友开心地聊天。

以好的频率做事的人，到了可以退休的年龄却舍不得退休，而没有以自己喜欢的频率做事的人，一直想退休却退不了休。你有听过想退休的作家、艺术家或电影导演吗？天赋才华就相当于这个人的先天血统、后天血骨，再多的钱也诱惑不了他们转行，再少的钱也阻挡不了他们强大的创作欲，因为他们只是待在这样的创造频率中就非常喜悦与满足。

我在《创意天龙八部》与《李欣频的初阶创意四堂课》中，提过如何绘制自己的“天赋开花图”（见图6-1），这是我18~35岁突破天赋被木马程序设限的方法；35~42岁时则改以“天赋五圈图”（见图6-2）来扩展自己的可能性，这些都是以正向频率突破框架的路径。准确地说，“限制”是自己选择要面对的，甚至是自己设障，是中性的，不是正面的也不是负面的，只要我们以积极、好玩的态度面对它，就像撑竿跳、跨栏跑、篮球赛、马戏团的钢索、标靶……都可以激发我们的潜能与创意。

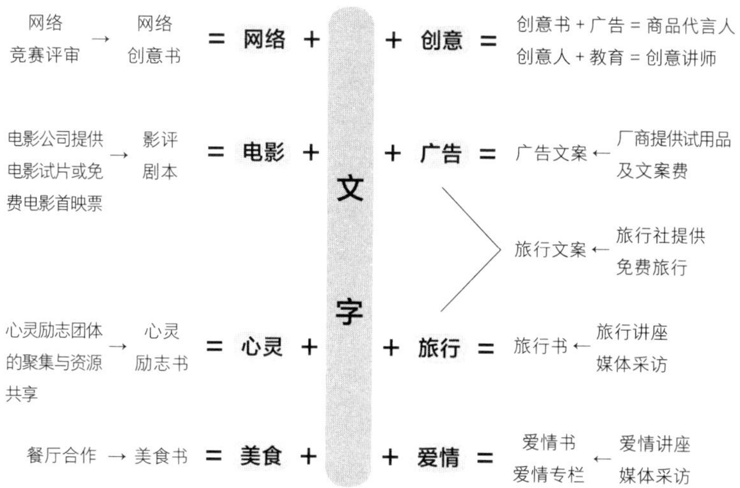
网络
竞赛评审
网络
创意书
= 网络 +
文
字
+ 创意 =
创意书 + 广告 = 商品代言人
创意人 + 教育 = 创意讲师
电影公司提供
电影试片或免
费电影首映票
影评
剧本
= 电影 +
+ 广告 =
广告文案
厂商提供试用品
及文案费
旅行文案
旅行社提供
免费旅行
心灵励志团体
的聚集与资源
共享
心灵
励志书
= 心灵 +
+ 旅行 =
旅行书
旅行讲座
媒体采访
餐厅合作
美食书
= 美食 +
+ 爱情 =
爱情书
爱情专栏
爱情讲座
媒体采访

图 6-1

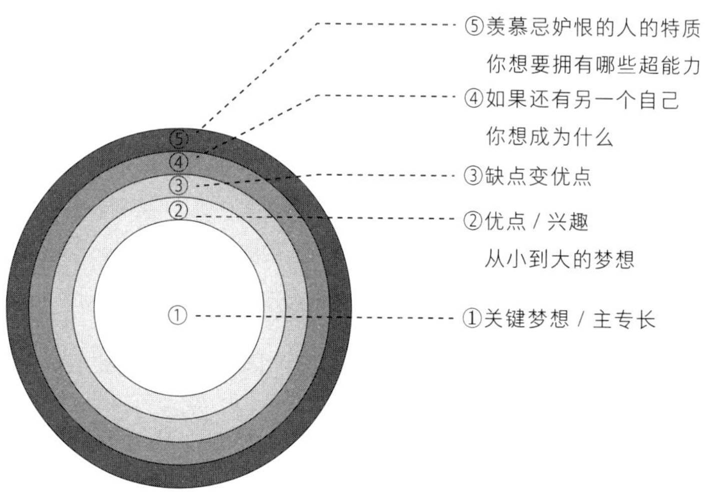
⑤羡慕忌妒恨的人的特质
你想要拥有哪些超能力
④如果还有另一个自己
你想成为什么
③缺点变优点
②优点 / 兴趣
从小到大的梦想
①关键梦想 / 主专长

图 6-2

直到43～49岁半退休期间，我发展出**“天赋才华转为源源不绝财富资源的方程式：重生、重开多维度平行版本的自己”**，扩展自己的天赋，先把自己现在的身份、工作、专长移除，假设有五个以上平行版本同时在周围，他们现在在做什么？然后把这些“平行分身”分别叠加、串联、演化在一起，看看会产生什么新的可能、新的身份或新的职业，并把一天的时间分配给这些身份来发展各种自己。

举例来说，我希望其他平行版本的自己的五个身份是：画家、剧作家、天文物理学研究者、心理学研究者和小说家。所以我会每天分配时间画一幅小画，看一部天文物理或心理学相关影片，写小说准备拍成电视剧，让我的生命朝向不被现有的身份限制，就像一个种满各种蔬果的园地，永远比只种一两种作物来得多元丰富，有应变局势的弹性。这部分大家可以看美剧《相对宇宙》（*Counterpart*），会有很多跨界、多元身份的灵感。

关于梦想的木马程序

可以回想一下，前几年的梦想你完成了多少？有哪些是每年一直许愿却始终都没完成的？这些一直停滞不前的梦想，极有可能被木马程序卡住了，如果不把闸门移开，梦想永远会被挡在外面。

简单的梦想木马程序快筛法是：写下目前为止你想要实现的愿望，然后思索并在每个愿望后面标明，许这个愿的内心深处，究竟是出于爱的频率（L），还是恐惧或焦虑（F）。要特别留意那些很多年都没成真的梦想，看其背后究竟是被哪一个负能量的木马程序卡住了。

木马程序很容易躲藏在梦想愿望清单中。**现在请你写下关于梦想的座右铭**，然后再看看下面的表格（见表6-1）——这是我在木马程序课上请学员们写下的，从这些座右铭中可以勾勒出他们目前人生的主要问题。

表 6-1

关于梦想的座右铭	代表的人生主要问题
梦想是要有的！	“要有”就是一个因“必须”而带有焦虑的能量，如果没有梦想，他会很焦虑，这也是“想要成为更好的自己”木马程序模组。
有梦最美！	现在梦还没成真就不美？梦以后若没成真就不美？以这句话为座右铭的人，很可能带有“不满意现况”的频率，一个“安住当下，此时此刻就是最美、最好的自己”的人，他“宁静喜悦”的频率，才是创造美好的发源器。
我们跟梦想之间，只差一个行动！	以两只毛毛虫为例：一个拼命往前，努力地往另一棵更茂密的大树移动，另一只待在原地不动，静静地蜕变成蝴蝶，后者不必行动，只要原地调频就可瞬间飞到梦想之地。所以这句话应该是**“我们跟梦想之间，只差一个频率”**，这个**“聚焦”的频率本身就会自带行动**；或是可以修正成“用行动来决定你的梦想频率”。 举例来说，你最喜欢的美食就在门口，你会说“我们跟梦想之间，只差一个行动”吗？你会连想都不想就奔出去。也就是说，只要频率调对，你就会不假思索地立即行动。

（续表）

关于梦想的座右铭	代表的人生主要问题
为了梦想，虽苦亦甘！	如果正在做自己喜欢的事，或是正在梦想的频率上，那就是一种全心投入的状态，在这种状态下是无法区分“苦”与“甘”的。 此外，若预设了“苦”的概念，自己也就排除了可以一路甜美地完成梦想的途径。
要小心自己的梦想，万一实现了怎么办？	很明显对梦想带有“恐惧、害怕”的频率，这就是阻隔梦想的木马程序。
发光吧！ 小宇宙！	关键词在“小”，事实上宇宙一体不分大小，视自己为小宇宙，很可能带有“不自信”的木马程序，这个不自信频率才是梦想无法成真的阻碍。 他目前还受限于“自己能力不足”的信念，觉得自己还没发光，可以调整成“我现在就是光，如宇宙般地行动”。
我若发光，世界就有光！	你若没光，世界就没光？主要问题是“不接受自己的黑暗面”，其实黑暗有其必要，可以停下来沉淀、静思、休息，就像胎儿在母亲子宫中反而是成长最快的，不需要有人帮他打灯。 这也可能同时中了“要成为更亮、更好的自己”木马模组。

所以，你现在可以分析一下，“梦想座右铭”的背后，有哪些你从未发现的木马程序，它们“真实”的频率带在哪儿。若想找出心

想事不成的原因，除了参看《心诚事享》外，还有一个**快筛法，就是问自己：“如果梦想成真了，现在或未来会出现什么问题？”**我曾问一位准备考律师执照的朋友：“如果你考上律师，你觉得会有什么问题？”他不假思索地说：“考上之后一连串受训与工作，会忙到过劳死……”这个害怕的频率，就是梦想无法成真的原因。

木马程序从驾驶者的角度看，算是一种“煞车保护机制”，保护我们不会因为无止境的追求暴冲而过劳过累，但从跑道外看，就能发现他一直在往前冲，只是没离开跑道，还在很累地“鬼打墙”。

当人们把没时间、没钱挂在嘴边久了，就会信以为真。不少人因为钱不够所以无法完成梦想，其实这也是木马程序造成的视盲区，你可以问自己：**“如果钱不是问题，你会想做什么？你的梦想是什么？你觉得你的梦想很贵吗？到现在还没完成梦想的理由是什么？”**如果你觉得贵，表示你还没看到梦想的价值，也还没发挥出自己天赋转资源的能力。

有个学员想去参加南极游轮之旅，团费高达15万人民币，她还是个硕士生，但想去的意志很坚定。于是她写了一份企划书，在网上众筹她的南极计划，很快就筹到2/3的团费，另外1/3是她在游轮上做翻译工作换来的。再加上她还在英文网站众筹了额外的资金，不仅没花钱就去了南极，还赚到了额外的资金，以及可用于回来写书、演讲的丰富内容与视野。

钱不是阻碍她的玻璃天花板，**关键的一步决定维度**（见图6-3）：她不害怕未来负债，义无反顾的热忱与勇气能量先行，把自己放在梦想中创造一连串机会。有想象力的她完全突破了“旅行是有钱有闲人的专利，自己现在只是学生既没钱也没时间”的框架信念，旅行带给她的价值远超过金钱（见图6-4）。所以她可以边玩边工作，**越玩越富有**。她的**能量频率是勇气、信任、乐观、喜悦**，已达到霍金斯意识能量层级表的第3级：宁静喜悦/540；而那些觉得旅费是要慢慢赚钱存钱才有的频率，则介于第12级：渴爱欲望与第13级：恐惧焦虑之间。影片《进入第四密度》中曾提到：“如果你真的知道了，自然就会行动，不会花时间去考虑这件事，也不会揣测自己是否真能做到（没有得失心的焦虑），你只会去做，你对负面（觉得自己不行）的关注就是在限制自己，积极参与到那些你想改变的事情中（不让焦虑阻挡你的丰盛之流），在兴奋的事上付出实际行动，就是把电力导入梦想蓝图电路板上活出来！”

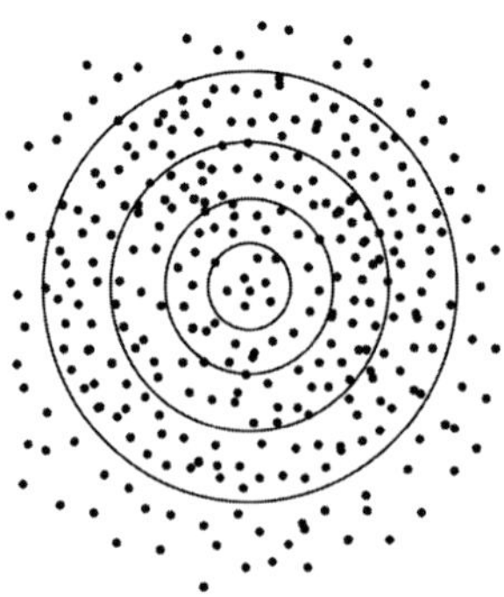

越外圈，资源点越多。跳出舒适区，完成自己想要做的事，更多的资源与机会，不是待在原来圈中能看到、遇到的。

图 6-3

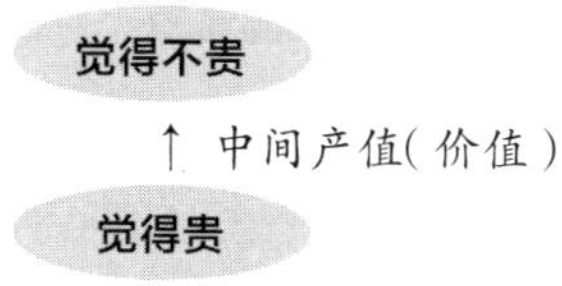

图 6-4

金钱是幻象，是电影《分歧者：异类觉醒》辨识出“It’s not real”（这不是真的）并一指点破的玻璃天花板。你觉得梦想贵，是因为你目前的能量在这条“价钱”线之下，你需要先把能量调在这条线之上，能量先行。想象一下，如果你现在的财富突然增加千百万倍，你想要什么？现在还觉得梦想贵吗？如果你觉得不贵，那么从这个不贵的点到原先的起点之间，就是你全方位创造价值的潜力区，是你要突破的天花板，亦是你要调频的幅度。

有没有看到“无形超值”的部分才是贫富的关键。《富者的遗言》一书中提到：“富人拥有看穿价值的眼光，看穿人或物是否值得信任的能力，即使眼前价格不高，但只要有价值，价钱迟早会涨上去；如果有信用，驾驭金钱的尺度就会变大，器量决定内涵，把时间花在那上面很重要。”有时我会看到很有才华的人实过于名，无法爆发的潜能往往卡在自己的玻璃天花板之下；有时也会看到拼命炒作自己、名过于实的人，很快坐吃山空。

我们周围都有圆梦的现成资源，但如果**木马程序不清理，挡住了梦想完成的能量管道，所做的事就没有一件能达到想要的状态**。以**天赋完**

成梦想的频率很简单，就是开心、充满希望、自由无惧、不假思索直接兴奋地立即行动。梦想不在远方也不在他处，nowhere（无处）的意思就是now here（此时此地），你就活在梦想的频率之上，是现在进行式而不是将来式。这个频率的行动力很强，无论有钱没钱都不会停止，所以我们要以全新无碍的眼光来看眼前这件要实现的关键天赋梦想，先将内在创造场的障碍清除，之后才能天马行空地创生一切。**让预言成真的方法很简单，就是把自己的视野感觉频率提升到你要的实相！**

至于**欲望与梦想之别**：欲望就算完成了也还想要更多，梦想是你只是想想就很开心，无形且无法评判，重在过程中的感觉，成败无所谓。只要我们内观到这终极泉源的状态，面对浩瀚无边的大我，无念也无为，就到了我所提出的“心想事成、事成心想、心诚事享”三个层次中的最高层次：**心诚事享**。**心想事成是欲望的层次，事成心想是梦想的层次，心诚事享是无欲无梦，一切早已具足，享受大圆满的境界**（高我、全我、平行我）。就如同我最近在看的一本书《幕后：一位觉者的实修日记》（*Enlightenment：Behind the Scenes*）中提到的概念：“我们一直试着让自己圆满，事实上，这是一个无止境的游戏，远比‘老鼠跑滚筒’更加白费力气。我们不断地增加某些东西，不断前进，从不安静地坐下来，我们的人生过得糊里糊涂，难得能真正地过日子。相反地，当我了解到我只是在梦着自己的人生时，就开始醒过来，觉知的镜子因自身的吸引力弯了起来，自己照见自己。”

这是霍金斯意识能量层级表的第3级（宁静喜悦）、第2级（安详极乐）、第1级（开悟正觉）。无为就是保持完全开放，你与“全有”相连，代表你受到“全有”的完全支持，愿意接受“全有”在你生命中彰显的所有方式，意味着你的力量无限强大，整个宇宙数据库都是你可以无中生有的来源。不需努力去做什么，整个宇宙会把你照顾好，这就是无为（不是放弃，两者能量频率天差地别）——做你兴奋的事，知道自己现在在哪儿，把频率放在让自己舒服的地方，所有必要的元素、相应的资源都将同步且自动进入你的生活圈。这也是《道德经》中说的“无为而无不为”：处于无为的境界之中，没有什么不能做到。

从高维看到的未来充满各种可能性，不同于低维许愿的狭隘单一途径，二者差别在于维度的能量频率。《臣服实验》一书中提到：“大多数人唯有在事情按照自己的意思发展时才觉得开心，因而不断尝试控制生活中的一切。问题是，我们一定要这样过活吗？有太多证据显示，生命可以自行运作得很好——各行星在轨道上运行，小种子长成大树，种种天气形态让全球的森林数百万年来持续有雨水浇灌，而一个受精细胞长成漂亮的婴儿——这些事情并非由我们个人导向或控制，而是由生命本身不可思议地完美执行。如果生命过程的自然开展可以创造并照顾整个宇宙，我们还假设除非自己强加外力，否则不会有好事发生，这真的合理吗？”

这项实验不在于脱离人生，而是要跳入生活里，住在一个不再被我们的恐惧和欲望掌控的地方。如果以一句话来总结，那就是它达到了沙莲华曾说过的“没有愿望就是最大的愿望”的最高境界。我们可以创意改写“give up”（放弃）的定义，改为“臣服交托给天”，将“无力以回天”改为“不因恐惧而控制施力，所以回归如天般浩瀚的资源能量场”！

关于金钱的木马程序

如何发现自己的金钱木马程序

金钱是互通有无的能量，反映着你与自己、与外在环境资源的关系。

《犹太人的财富智慧》一书中有一句话：贫困是心灵的一种状态。的确，贫困很大部分原因是自我感到匮乏，或是觉得自己不够好。这本书中提到一个有趣的小故事。

卡恩站在百货公司前，旁边有个犹太人在抽雪茄。
卡恩问这雪茄多少钱。犹太人说两美元，一天抽十根，抽了四十年。
卡恩：“如果你不抽雪茄，早就把这栋百货公司买下来了。”
犹太人问卡恩：“你有抽吗？”
“没有！”
“那你有买下这栋百货公司吗？”
“没有。”
“这栋百货公司是我的！”

这个例子告诉我们，钱不是省下来的（钱有限、钱不够），而是创生出来的（无限的），因为开源与节流是不同的频率。

《失落的致富经典》（*Science of Getting Rich*）一书中提到："世界上确实有一门有关如何致富的科学存在，它就像数学一样，是相当精准的学问。致富的第一法则：每个人都是一个可以发送思想的中心，人能以双手塑造出的一切实体，都必须先在其思想中存在，没有先想到物件的形象，就没法造出那物件。唯有透过思想的力量（思想波），才能让那无形的存在体产生出有形的财富。节省或吝啬无法让人致富，也没有人因为缺乏资金而无法致富。如果能了解这一切，就能抛掉所有恐惧与怀疑，因为自己可以创造出一切想创造的东西。"也就是说，"恐惧或怀疑的能量"是贫困的频率，"信任自己可以创造一切"的自信频率则是丰足的创造源，只要拿掉卡在我们与无限中间的挡板——金钱木马程序，我们与资源之间就能互通有无，不再受困于金钱的障碍。我在《心诚事享》中提到了我"负债→省钱模式（扩大分母）→存钱（只进不出的账户）→多元收入→花钱不担忧，以及1∶9模式翻转"的过程，读者有兴趣的话可以重翻那本书来看。

你现在可以问自己两个问题：是否觉得钱是有限的，要省着花？是否会为了省钱，宁可多花时间？例如为了排队买打折（或免费赠品）的周年庆商品，前一天就露宿在百货公司前——免费的东西最可怕，你付出的是无形的时间成本；或是为了在网络上看免费的电影，花好几分钟看广告。若这些时间拿来创作更多作品、产品，所收获的钱应该比省下来的钱多得多。

我有一个很有才华的同学，我们大学毕业时起薪差不多，但我跟他对待金钱的方式完全不同。我以各式各样的多元天赋创造金钱，他则是以最省钱、最好不花钱的方式过日子，永远只选择节省途径，若有什么活动需要买门票他就不参加。于是他错失许多机会，其实只要任何一个活动给了他创业的点子，钱早就能赚回来了。他还会花很多时间研究怎么逃票，或是到处比价，只为了买到最便宜的东西，浪费了很多时间。问题就在于**他不觉得“时间比钱贵”，也就是说，他不觉得自己的时间值钱，这个想法才是匮乏频率的开始**，也是后续问题产生的发射器。若他拿这些时间去写书、演讲，其产值早超过票钱数万倍了。况且免费去看电影、看演出、听音乐会，意味着将来自己的创作也不值钱，因为觉得不值钱，自己也不会有产值。

所以，当下省多少钱根本不是重点，而是你通过这件事创造了多少价值，是否超值。中了这组木马程序的人可以随时问自己一句话：**钱比较贵，还是时间比较贵？钱可以随时创造出来，但生命不行，钱买不到时间，所以时间比钱贵——你的时间值多少？你拿时间来做什么，就代表你把频率放在哪里。**

没有金钱木马程序的状态

没钱不焦虑

一个有才华且没中金钱木马程序的人，具有点石成金的能力，只要活着，就随时可用才能变现或是交换生活所需的资源。钱和资源完全不会困住他的可能性，他随时都能一眼看到机会。他不会因为对金钱的担忧（怕穷）而把大部分时间拿来“谋生计，想赚更多钱”，而会把时间精力用在“创造生命，做有意义的事”，两者频率天差地别：恐惧焦虑 vs 宁静喜悦。

中了金钱木马程序的人，往往误以为有钱可使鬼推磨，没钱万万不能，什么都办不了。你可以问自己一个问题来检测你是否有焦虑的金钱木马程序：如果你被迫休假一年，你最担心什么？你的答案就是焦虑的来源。

例如，有人说他如果被迫休假一年，一是怕钱不够用，无法生活，二是担心没事做，没有工作就失去价值感，那么他的木马程序就是：没有自信、价值感、存在感和安全感。就算只休息一小时，或是不得已卧病在床，他也会有罪恶感、低价值感，所以他必须重建自己的生命地基，不以钱来衡量自己价值的所在。唯有解除生存焦虑的木马程序，生命时间才不会被它耗光。

有钱不恐惧、不害怕

没有金钱木马程序的人，既不会怕花钱，也不会花不必要的钱。有钱时不会害怕失去，不会怕别人因为钱才来靠近，不担心该怎么守住钱，也不会想怎么赚更多钱，因为他对钱没有焦虑的能量。

和田裕美在《如何成为有钱人：富裕人生的心灵智慧》中提到：“财富只会聚集在无忧无虑的地方，金钱厌恶不安。”如果对应霍金斯意识能量层级表，富裕的频率会落在第3级：宁静喜悦/540，或第2级：安详极乐/600及以上，而匮乏的频率则落在第13级：恐惧焦虑/100。若有钱却带着“恐惧突然没有”的能量，惶惶不可终日，那终究无法心安幸福，就算生活质量好但精神质量会很差，穷得只剩下钱。

有学员说她怕自己如果有钱，会遇到像电影《金钱世界》（*All the Money in the World*）中那样的事件，害家人被绑架，怕安全有顾虑。我跟她说：其实你内在早就有“害怕失去家人”的恐惧，你只是把这恐惧投射到外在，比如金钱、健康等各式各样的议题上，怕家人生病或在外面出事才是你真正的木马程序。正是这组**“害怕失去家人”的木马程序**，让你与家人的关系处于焦虑紧张的状态，也让你害怕金钱，不敢让自己太有钱。这个“虚幻非真的恐惧”模组，阻挡了你与金钱之间的自由流动关系——**你决定要相信什么，就会体验什么**，所以必须花时间去探究这组木马是怎么来的，怎么形成了你的真实信念。

还有一个学员说，他怕有钱会失去斗志，其实他真正中的是**“自己不够好”的焦虑模组**。他以为“若没努力奋斗，自己就不够好、不够上进”，然后把这误解投射到金钱上，于是组成了一连串错误程序：要努力赚钱来证明自己很优秀，若有钱就会失去“努力成为更好的自己”的动力。这也是金钱木马程序常见的现象之一。

有能力不求回报地给，也能毫无障碍地收下别人给予的一切

奥黛丽·赫本说：“当你长大时，你会发现你有两只手，一只用来帮助自己，一只用来帮助别人。想要优美的嘴唇，要讲亲切的话；

想要可爱的眼睛，要看到别人的好处；想要苗条的身材，把你的食物分给饥饿的人；想要美丽的头发，让小孩子一天抚摩一次你的头发；想要优雅的姿态，走路要记住行人不止你一个。”**分享与慷慨是富足的开始，富裕不是拥有最多的人，而是需求最少的人**，这就是“给予”的精神：以你的微笑、善意、鼓励和才华来帮助需要的人，与有钱没钱没关系。你在无条件给予时，财富也会跟着水涨船高。所以你可以问自己，是习惯给还是习惯拿？

没有金钱木马程序的人，对自己能无穷无尽变出资源的能力有信心，所以不会跟人家计较谁付出比较多，谁吃亏，谁占了便宜——计较是贫穷的开始，给予才是爱与丰盛的开关。计较的秤尺就是内心很难平衡的摆荡器。大海不会计较谁多拿了一瓢水，因为它有能力不求回报地给；它也不会刻意推辞、退还别人的给予，因为懂得要给予别人“给予”的机会。**乐于给，也愿意收，让能量自由地有进有出**。关于这一点，大家可以继续研读《给予》这本书。此外，电影《小气鬼》描述了一个中了“吝啬给予”的木马程序，所以处处与人斤斤计较钱的小提琴家，可以作为这组木马程序最好的示范教材。

时间比钱贵，没有金钱木马程序的人，通常会很大方地爽快付钱，不会浪费宝贵的时间做以下两种事。

1. **习惯性杀价、要折扣**，以此来证明自己聪明、不吃亏（即使是付得起的小钱），甚至花很多时间、动用许多人脉关系去要免费贵宾名额，剥削别人的劳务，只是为了增加自己“与众不同”的优越感。我曾见过这样的人，他一直努力塑造出很棒的形象，所以觉得主办方应该给名人如他免费的名额，因为自己有“名人宣传”的效应——问题不在于这个索求免费或折扣的行为，而在于他低存在感的频率，以及他与他所建立的虚荣形象间的差距，这也是他痛苦的来源。特别是在他独处、必须面对真实自己的时刻，差距越大，他就越痛苦。

2. **每次付款都拖到最后一天**，使犹豫的能量（怕自己那天有事）布满了之前的每天，这种行为已经把自己置于“有限匮乏、担忧焦虑”的频率，远离了“丰盛、丰盈”的频率带。我以前也中过这组木马程序，要报名旅行或课程总是拖到最后一天或是当天才付款；而等自己的能量调整到“丰盛、无惧损失”频率时，每次决定付款都在当下，其他时间就可以专心做事，不会浪费时间在摇摆不定上。也就是说，问题不在于行为，而在于犹豫（担忧）的能量会阻挡什么，会创造出什么对应的实相？过去有多少因为犹豫而没去做的梦想？爽快付款的背后，是果断、无惧的能量，无论情况如何都勇于承担，而**“风险”是在原框架、原维度才有的概念**。对一个不敢出门的人而言，出门充满了风险；对一个不敢坐飞机的人而言，坐飞机充满了风险，但只要勇敢跳出原地，风险就升维成了冒险。

不会被钱限制眼界

没有金钱木马程序的人，不会因价钱而决定要不要做、要不要买，只会根据价值来做决定。例如不会因为旅行、艺术表演或书很贵就不去买，也不会因为不需要的东西打特价就买，或是免费就疯狂争抢排队。我见过中“免费才要”木马模组的学员，只有免费的盗版电影、免费的盗版书、免费的艺术表演才去看。因为他以前是公费留学生，早已习惯什么都是免费的，凡是好书、好电影、好旅行、好艺术表演……只要是花钱的，他都会自动屏蔽掉，总是在等赞助与免费，以至于钱就是他不愿跨出去的隐形制约，从而错过了可以赚取更多经验、钱与资源的机会。

而有位学员刚好相反，她不受限于免费或是付钱，即使旅行超出预算，也很有把握在回来之后创造出比团费更高的价值。她不仅有了将来可以为她带来无限资源的代表作，还有了用钱也买不到的旅行阅历、作品、眼界、人脉、机会……我自己当年也是先刷了信用卡去希腊，回来后写了一本书《希腊，一个把全世界蓝色都用光的地方》，获得的版税不仅把卡债付清，后续还多了五年的旅游资金与数不尽的免费旅行机会。而当时也想去希腊的好友在等公司派她到希腊采访的机会，十多年过去了，她还在等，至今没去成。

如果仔细分析能量频率，我们之间的差别就在于“是否信任自己未来的生产力与产值”。我的想法是：只要这件事对自己的生命有意义，思维就不要被钱限制住，不一定要以赚钱存钱的方式来达成，各种有创意的方法都是完成的路径，收获甚至比当初付出的要多得多——于是这件事就不是花钱的、贵的，而是超值的、赚的，所以怕花钱的局限、匮乏、焦虑的频率，才是挡住你资源流的木马程序。**价钱不是标准，不要**

因为便宜就去买，也不要因为贵而不去买，更不要因为钱而决定做或不做，否则钱将来就会决定我们什么能做、什么不能做。

此外，如果你现在很有钱，只要你的人生还是被金钱绑住视野，以金钱作为衡量人事物的指标，就还是有金钱木马程序。例如你觉得昂贵的、名牌的人事物才配得上你有钱的身份地位，让别人觉得你很厉害，你的人生就会被金钱数字标签化，看不到本质。你的价值由观看者来决定，所以以貌取人的你可能会看不起一个穿着朴实的人，即使他比你有智慧，你也会有眼不识泰山。

我有个学员很可爱，她有自己的企业，在旅程中她挑了一个礼物送我，当她交给我时是这么说的："老师，谢谢你在旅程中讲解的这一切，我收获超级多，所以买个礼物送你。这礼物很贵喔，是我昨天在自由活动时间，跑去这家名牌店排了一个多小时才买到的，而且是限量的……"她在短短几句话里，就暴露出她以"昂贵、名牌、限量"来标示"感谢"的价值。我当然很感动她为我花时间所做的这一切，但对我而言，时间比钱贵，坦白说，我不在乎这礼物多少钱，也完全不在意是哪个牌子的，另一个学员用饭店信纸写了一封感谢信给我，我一样感动。被金钱木马程序绑住的人，将来可能会产生的问题是：以衣着来判断人，以礼物是否为名牌、花了多少钱来衡量对方的情谊，一切以金钱为尺度而看不到这个人珍贵的本质。况且你以钱来衡量对方，对方也会以钱来衡量你，因为这都属于同一种频率：有钱就"骄傲轻蔑"的势利眼，而忽略了最重要的核心本质。

有一次我带团去美术馆参观，到了参观完的集合时间，有个学员很开心地跑来跟我说，这里面凡·高的正品丝巾，比淘宝便宜。她花了很多时间在商品部买名画的周边商品，而非在美术馆里仔细看原画作的细节、厚度、层次、颜色、规模，然后思考如何把真实生活变成艺术，通过画家无中生有的灵感源头，给自己人生启示。你花时间在哪儿，就表示你的频率聚焦在哪个层次状态，舍弃3D的原画去买2D的丝巾，等于自己没有立体化创意的维度。

我曾见过有个学员在情人节时很沮丧，她说她以为在情人节时会收到玫瑰花，但没想到对方只是做了一顿饭给她——**她完全没看到**对方在买菜、料理和摆盘上所花的时间与心意，其价值远远大过上网订一大束玫瑰花。我还见过一个自认为没有金钱课题的学员，她的口头禅是："这点小钱，我一点都不在乎，我赚得比这多多了。"有一次我听到她与刚从幼儿园出来的女儿的一段对话。

女儿很开心地跟妈妈说："妈妈，我今天认识了一个新朋友，她居然跟我住在同一个小区！"

妈妈说："真的？她成绩好不好？她爸妈是做什么的？"

以数字衡量价值的木马程序，让这位妈妈没看到人的本质与情感的意义，"爱比钱贵"就是她突破金钱木马程序的解药。

不会被金钱限制眼界，当然也包括选择自己的爱人——不会因为对方有多少钱、开什么车、住什么房而决定要不要交往或结婚。曾经有个学员，她因为家境清寒，从小常被人看不起，所以当有两个男生在追她时，她选择了比较有钱的那位，结婚后经常为了用钱的方式、彼此金钱价值观的差异而吵架。于是她离婚自己出来创业赚钱，与当初另一位不富有的男生再婚，但因为她“恐惧没有钱”的金钱木马程序还在，所以跟这位新任丈夫还是为同样的问题吵架。也就是说，一旦中了木马程序，就算对象再怎么换，对于金钱的争吵也无法解决，除非看到并破解这个木马程序。

还有个中了“要成为完美的自己”木马程序的女子，白富美的她选了一个有钱的企业家结婚，没多久她爱上了一个又高又帅的健身教练，才发现自己原来不在乎钱，高、富、帅三个指标中她其实比较在意高和帅。所以她离婚之后跟这个健身教练在一起，为他创办了一个健身俱乐部，没多久她的钱就花光了，两人不欢而散。这就是中了金钱木马程序无止境原地“鬼打墙”的过程——她拿高富帅的指标来选择爱情本身就是错误的前提，一旦进入关系，高富帅就成了折磨她的木马课题。

关于这一点的破解方法是：如果你正在选择伴侣，请试想一下，如果将来有一天对方没有钱、负债、变老、变丑、脾气变坏、失忆、卧病在床需要人照顾时，你还爱他吗？若你也有这么一天，你一定也希望伴侣不离不弃吧。

此外，我们还经常看到可以共患难却没法共享福，一起打拼创业，等到事业成功却没法继续相处下去的夫妻。那是因为两人忽略了彼此的深度沟通与相处，把时间花在一起赚钱的共同目标上，掩盖了彼此价值观的差异。一旦有钱，不再需要以赚钱为目标时，两人之间的空洞就浮现出来，开始责怪对方变了。其实不是对方变了，而是两人根本没花时间去细看对方的本貌，始终以自己的方式在与对方相处——就像是两人中间有一道悬崖，彼此以平行的方向忙着往前方冲，等冲到了目的地，中间的悬崖还在那儿空虚着。所以有钱无法解决原有的问题，只会推迟或放大原来的问题。

举一个破解这类木马程序的范例：孩子打破了父亲心爱的昂贵古董花瓶，他正准备冲过去痛打孩子时，妈妈赶紧跑过去跟孩子爸爸说："亲爱的，我们是在养孩子，不是在养花瓶！"这句话点醒了怒火中烧的父亲，因为中了木马程序的他，忘了孩子比花瓶更重要。

所以现在就把你喜欢做的事，从金钱或数字中脱钩。你可以先列出：钱可以为你做什么？钱能为你解决什么问题？钱不能为你做什么？然后再思考：目前还没完成的梦想，如果不是通过钱来完成，你可以怎么做？有哪些其他"非钱"的途径可以完成（不是去掠夺别人的资源，必须是自创的，而且是大家一起好的）？通过这种思考帮我们把目光从钱移开，看到周围所有的可能性，从而拥有点石成金的丰盛思维，这也是激发自己开启潜在天赋的好方法。

如何快速筛出金钱木马程序

在彼此相同水平的天赋之下，为什么有人财富丰沛，完全不需为钱所苦，但有的人却入不敷出？"有钱的坏处，没钱的好处"是快速筛出金钱木马程序的方法。

我有个很有才华的朋友，她视有钱为“堕落不积极”，所以她在应邀演讲时都不会开价，随意让人包个小红包就算了。或是刚拿到微薄的演讲费不到六小时，她就呼朋唤友吃吃喝喝瞬间花光，唯恐钱在她身上久留成仇，所以经常入不敷出，这就非常明显是中了**“恐钱症”**的木马程序。她喜欢的艺术家多半都是穷困潦倒型的，我曾经听她说过“唯有艰苦才能熬出艺术精华，这世界上没有有钱的艺术家，钱会让艺术腐化……”所以这是她自主选择的“金钱木马程序”：吃得苦中苦，方为人上人。她也很享受这个“受苦”的过程，因为这是她创作的灵感来源，也是动力。如果你是有意识且清醒地选择“受苦”的途径，其实也没有任何问题，因为每个人都可以选择不同旅程。也就是说，**找到木马程序不一定非要清除不可，如果确定这是你的自主选择，而且你觉得自己过得很好，继续保持原样也没有问题**。

这样的例子也经常发生在心灵中心的创办人身上，他们总是财务拮据，对金钱的看法多半是负向的，怕自己沾惹到“敛财”的标签，对钱有“害怕脏了自己”的排斥感，所以钱（或是资源）的能量就被挡在门外，无法自由流进来，因而要花更多时间去为中心谋生或是募款。其实只要转个念就可以了：钱是中性的，无好无坏，钱多不是罪恶，钱少也不是清高，全看使用人的心及使用的途径而已。

有学员曾问过我一个问题：“老师，作家是不是都很穷？不是饿死就是自杀。”我说：“这就是阻碍你成为作家的木马程序，你怎么不看看《哈利·波特》作者罗琳的例子呢？”**当人们中了恐惧的木马程序时，就只会看到与这程序相符的例子，对其他完全相反的事证眼盲**。正如《任何人都会有的思考盲点》一书中提到的：太专注于某些信号，就会忽略其他讯息，这就叫作“得州神枪手的谬误”（Texas sharpshooter fallacy）。一个牛仔对着谷仓射击，谷仓外布满弹孔，有疏有密，如果牛仔在弹孔密集处画个红心，会显得枪法很准，其他弹孔稀疏的地方就会被忽略。把“后见之明偏误”与“肯证偏误”结合起来，就成了“得州神枪手的谬误”。

有个学员在跟我描述了长达十分钟她家极混乱的财务状况之后，最后一句话是：“钱好恐怖。”我紧接着她这句话说：“对，这就是你对金钱的定义，也可以说是你金钱木马程序的原始设定，所以你会无意识地创造‘钱很恐怖’的实相。除非改变你对金钱的设定，否则后面的一切都会依据这个设定而产生出来，你自己要负完全责任。”

一位学员在课堂上问我：“老师，为什么无论我赚再多钱，过不了多久就会有各种突发情况发生，这些钱就不见了？比如被借走了，或是因为某项开销而瞬间花光？”我问：“关于金钱，你脑中最先想到的是哪一句话？”他不假思索地说：“有钱没命，有命没钱。”他一说完，全班都笑了，他被大家的笑声“惊醒”，才瞬间了悟原来这句话就是他的木马程序：若自己太有钱，就会没命；为了保命，就必须让自己不能太有钱。如果他保持这组木马程序不变，就算上再多理财课、买再多理财产品都没用，因为他的潜意识为了“保命”，会自动花钱“泄洪”，以降低存款的水位。

想要破解木马程序，就必须去反向举证“有钱没命，有命没钱”是错的，去找一些有钱但健康长寿的真实案例，来帮自己“纠错”这组木马程序。同时要问自己，抓住“有钱没命，有命没钱”这组信念的好处是什么？假如他说：“好处是让自己不要因为太努力工作而忘了健康。”那就可以提醒他：“维持健康与是否有钱没关系。如果没这组木马程序在你的财务篮中戳一个大洞漏财，把钱好好存起来，也就不必花太多时间工作，好好健身养生就可以了。木马程序让你链接了错误的信念环节，如果你决定现在就解除木马程序，改写金钱的方程式，会省下无限期‘鬼打墙’的时间。”

后来我在开设金钱天赋课时，就以**“有钱的坏处，没钱的好处”**这两句话作为金钱木马程序的快筛法，原理跟之前提到的**“梦想完成的坏处，愿望没完成的好处”**是一样的。如果你能顺利写出来，木马程序就能被一眼看破。建议你在往下看之前，先写下自己的答案。

有位学员的答案是：有钱的坏处是会被借钱，没钱的好处是不会被借钱。如果仔细剖析，她的问题其实是：她为何“怕拒绝”别人跟她借钱？所以当我回问她这个问题时：

她说：“如果我不借钱给这个朋友，她会生气。”

我问：“她生气会如何？”

她说：“我会失去这个朋友。”

我问：“如果有一天她把你的钱都借光了，你实在没钱再借给她，她会如何？”

她说：“她会生气，然后就不要我这个朋友了。”

我说：“所以无论你借她或不借她，最后的结果都一样，是吗？”

她想了想说：“对！”

我说：“你真正的问题是，为什么怕朋友生气，为什么怕失去朋友？失去朋友会怎样？你要继续往下探究，这才是你的主要木马程序。”

我继续问：“她跟你借了这么多次钱，有还你吗？”

她说：“偶尔会还一些，但没多久又来借钱。”

我说：“这个朋友其实不是真的缺钱，只是习惯性借钱，对吧？或许她觉得你家里有钱，你的钱来得太容易，她自己赚钱比较辛苦，心理不平衡，于是她本来可以自己赚钱付贷款，却想跟你借钱不还。而且你已经借她这么多年了，她早已视为理所当然，你若不再继续借她，就莫名其妙变成了你的错。你要帮助她看到并跳出这个恶性循环，让她有机会修改自己的金钱木马程序，而不是一直借钱给她，把钱丢进无底洞中，否则你与她两人都会困在这个死胡同里出不来。”

我是从不借给朋友钱的，若是有人有急用，比如有家境不佳的学生需要医药费，我就直接给一笔钱让她急用，也会跟她说不需要还我，只要她以后有能力再帮助其他人就行了。但接下来我会做的是：与她深谈，教她破解自己与家庭的金钱木马程序，帮她找到天赋，向她建议如何兼顾学业与工作，可以在哪些项目上赚钱，如何存钱、理财，这样她以后就不必再靠借钱来生活，甚至将来还有能力帮助更多人。

如果有人习惯性借钱，拿这些借来的钱去买东西、投资、赌博、享受生活而非急需，最好不要借给他们，因为这只会让他们的财务漏洞越来越大，害他们一直停留在欠钱的频率上持续匮乏。而你自己也要深度扫描是否中了“怕有钱之后会有问题”和“需要朋友来给你存在感”这两组木马程序。你可以问自己，如果一星期不用手机，你会不会害怕失去朋友？

韩剧《来自星星的你》中有一个情节：朝鲜时代，有一个爱赌的人，用自己女儿的医药费去赌博，眼尖的都敏俊看到赌场老板使诈，就出手帮助这个赌徒赢了。没想到帮了一次之后，赌徒以为自己手气好，下一回居然用女儿做抵押继续赌，这次他就不再帮忙了。

这让我想到带印度团的沙莲华老师跟团员说的话：“请你们不要把钱、食物给路边乞讨的孩子，你们以为这样是在帮他们，但其实是在害他们。印度让每个小孩免费接受教育，因为怕家长让孩子留在家里工作不让他们上学，印度政府给去上学的小朋友每天十卢比作为奖励，但如果小孩在观光区乞讨一天，拿到的钱超过十卢比，请问他还会去上学吗？你们看到身后那一大片田地了吗？这些来跟你们乞讨的小孩都是这个地主的孩子，他们不缺食物，只是被观光客的‘布施’养成了‘乞讨’的习惯，所以恳请大家不要帮助他们成为乞丐。”**慈悲的前提是智慧，如果不是在高维度的智慧层上洞悉帮助的结果，往往是害了别人。**

在我连续办了十场木马程序课之后，关于“有钱的坏处，没钱的好处”已经累积了很多案例，我在这里举几个有代表性的情境，列表并分析其中隐藏的木马程序是哪些。（见表6-2）

所以**“有钱的坏处，没钱的好处”**就是抓出金钱木马程序的基本问句，其变形问法还包括：

1. 如果你突然变成了超级有钱人，你觉得会有怎样的坏处？（阻碍金钱资源流向你的木马程序）

2. 如果你突然负债，你觉得会有怎样的好处？（你不肯离开“负债”状态的原因）

3. 你觉得自己很难变成超级有钱人的原因？（阻碍“无边界、无限”的金钱资源流向你的木马程序）

4. 在你眼中，有钱人是怎样的人？贫穷的人是怎样的人？（你选择自己成为哪种人的信念依据）

5. 小时候你的父亲、母亲或教养者，哪件与金钱有关的事让你印象深刻？（深挖出藏在潜意识或无意识深海底层的木马地雷）

表 6-2

有钱的坏处	没钱的好处	隐藏的木马程序
会很累、很麻烦	不会与人吵架	这是人际关系出了问题，而且正是在钱的议题上与人有争吵。我问她："你没钱时也会与人争吵吧？"她想了想说："是的。"所以她得针对自己与别人之间，甚至是自己与自己之间的真正问题好好处理，否则这个错误设定就变成了"不敢有钱"的木马屏障。
人生会没有目标、没有挑战，不会珍惜事物，不思进取	不会浪费时间消费购物，能与大自然好好相处	他的问题在于找不到生活的真正意义，所以把赚钱作为目标，一路往上追到无穷无尽，追到筋疲力尽的悬崖边，然后被自己的焦虑推入深渊。这就是有些富有的人会忧郁失眠的原因。他的当务之急是花时间找到除了赚钱之外的生活意义、价值、乐趣或使命，否则赚钱就浪费了他大部分的生命时间，而且赚到的钱他也会以各种方式花掉，因为他潜意识里怕自己太有钱，不需要赚钱时就不知道做什么了。另外，他有很大的心灵洞缺，会通过买东西来填补（从"会浪费时间消费购物"得知），但他的解药也在这句话里，"与大自然好好相处"就是他寻找生活意义、价值、乐趣、热忱、动力或使命的所在。
怕到死前没用完，留给别人就白赚了	不必担心别人会花到她的遗产	她的主要木马程序在于"担心被别人占便宜"，害怕、不信任、焦虑、算计的频率在第 13 级：恐惧焦虑/100，光是这个频率就会创造更多相应的烦恼，也会内建出一个"防卫围墙"或"财务漏洞"，以防太多钱留在她身边，于是她的人生大部分时间都浪费在"赚钱—漏财"的恶性循环中。 《富者的遗言》中提到："没有钱的人猜疑心强，不轻易相信别人，挑剔人；有钱的人懂得信用的力量，所以他们会遵守约定，不辜负他人的信赖，因为金钱自他人而来，信赖产生巨富，如果不能信任他人，则无法取信于人，金钱流向自然也会避开那样的人绕行。"对外在的人与资源不信任，钱与资源就进不来，许多金钱木马程序内藏有恐惧的能量，而信任是破除木马很重要的频率。
不知道资产该怎么配置	不必担心资产该怎么配置	她的主要木马程序是"怕失去钱"，不知道要怎么处理与配置钱才能"保住钱"，所以她的潜意识干脆内建"没那么多钱，就不必烦恼怎么配置来守住钱"的木马程序。 《富者的遗言》一书中提到：很多人不想失败，是因为不想减少金钱，人因为金钱变得无法面对挑战，不敢离开舒适圈，困在自以为安全的线内，于是也只能在牢笼里拿有限的食物，而不是出去发现食物、创造食物。这就是这组木马程序的根本源头。

（续表）

有钱的坏处	没钱的好处	隐藏的木马程序
不知道钱该怎么花，会很忙	不必过多烦恼钱该怎么花	他的主要问题就是，不知道拿这些生命时间、金钱、资源来做什么，跟上一组是一样的木马程序：人生没有目标、意义、乐趣、动力或使命，不知道怎么过人生的茫然模组。无论有钱或没钱，他说的这些好处与坏处永远都存在，只是没钱时可以把赚钱当目标。至于他说有钱会很忙，其实他现在没钱时，也在忙着赚钱。
骄傲、嚣张、贪享受、浪费、罪恶，不能感同身受，为富不仁，钱是万恶之源	杂念少、烦恼少	他把金钱视作万恶之源，当他这么想时，排斥能量就阻碍了金钱财富流向自己。而这也是个“全错”的木马程序，随便就能找到反例：现实生活中有温良恭俭让的慈善家，捐出绝大部分钱给需要帮助的人。另外，可以明显感受到他目前的生活已经在为钱烦恼了，所以当我问他：“你不管有钱没钱，杂念与烦恼都很多，对吗？”他想了想说：“对！”所以他必须修正、重置这组金钱对等式，否则他潜意识会把金钱视为洪水猛兽，排斥金钱流进来。
钱会占用太多时间，没有时间与家人在一起	不会被钱拖累，心灵很自由，可以去寺庙修行	她把没有时间归咎于金钱，但事实上是她没有留时间让自己独处、修行或与家人在一起，潜意识在逃避自己与家人。也就是说，是她的心灵不自由，所以时间也不自由，与金钱一点关系也没有。
会被人忌妒，会很累，会有灾祸	不会被忌妒，不用太辛苦，可以丰富生活	她的主要木马程序是“恐惧”，怕做自己会引来侧目与忌妒，怕太与众不同会引来不好的关注甚至灾祸。她也中了“没自信”模组，所以会自动削弱自己的光芒，让自己变得“匮乏”，与“丰足”隔离。只有解除这个木马程序，生命与生活的创造权才能回归于她。
分不清对方靠近是因为爱还是钱，会感觉身边朋友不是真心的，感觉钱很危险	没人盯着我，感觉很安全，没钱才知道谁是真心朋友	她潜意识里怕自己有钱，害怕因此而失去真情、真爱，但事实上她中了**“对爱与情不信任”**模组。“有钱时，身边朋友都不是真心”不一定真的会发生，但她因恐惧而设定了这个金钱木马程序。而且她也必须审视一下自己，是否有“以钱择友”的状况，通常自己有这种状态，才会认为“别人也会如此”。 可以去找有钱但还是有真爱、真情的例子，比方脸书创办人马克·扎克伯格，即使他富可敌国，仍有真爱、真心朋友在周围。“没钱才知道谁是真心朋友”的想法，让自己困在金钱“安全线”之内无法突破。她优先要解决的是**“对爱不信任”**模组。

关于“负债”的好处，有两个很经典的实例。

案例 1

学员问：“老师，我也不想负债，但家族成员都在忙着借钱、调头寸，我该怎么改变这个负债的循环？”

我问：“家里有哪件跟钱有关的事，是你印象最深刻的？”

她说：“我记得最深的就是，每次我要交学费的前几天，爸妈就到处借钱，往往他们都能在前一天顺利筹到钱。”

我说：“这就是你金钱木马程序形成的原因。你回想一下，当他们还没借到钱时是什么状态？等到一筹齐钱时，他们感觉如何？”

她说：“一开始焦急、失眠，借到钱的那一刻，他们就如释重负。”

我说：“就是这个最后一刻的‘如释重负’成了瘾头。举例来说，如果你有两个月时间写作业，请问你是每天写一点比较刺激，还是全都挤到最后一天一次写完比较刺激？如果能在最后一天一次写完，从极度紧张到瞬间放松，那么以后就很难戒掉这个瘾头。”

她说：“对，我每次都是拖到最后一刻才交信用卡卡费，之前紧张得半死，等到交完的那一刻，突然有一种完成并解脱的快感！”

我说：“这就是你潜意识让自己卡债不停的瘾头，从现在起不要再让自己超支刷卡，要切断这个负债循环，就从现在开始。”

案例 2

我有个同事是富二代，是家中期盼已久终于盼到的小儿子，他有四个姐姐。因为是老来得子，他的父亲特别宠溺他。他都已经三十岁了，还经常刷卡负债，薪水一个月六千元，却每个月刷超过一万的卡费，我问他怎么交超额的卡费，他说只要交给他爸爸就行了，他爸爸会交给他大姐，大姐会交给有钱的姐夫去付清。跟他深聊之后才发现，其实他并不是真的需要这么多东西，而是潜意识想报复姐姐，因为小时候妈妈老是训斥他："你怎么就不像姐姐那样好好读书？你的学习成绩怎么这么差？"所以他内心总是不平衡，长大后就开始无意识地刷卡造成超支的卡债，心里知道交给爸爸就可以解决，已经退休的爸爸一定会交给经济能力比较好的大姐去处理，这样就间接报复了他优秀的姐姐。也就是说，财务问题、卡债问题并不是想象中的表面行为，往往内在的潜意识、无意识的木马程序才是主因，主因若没被找到并解除，表相的行为也无法根除。

有个学员问我："老师，我觉得有钱就不会被人家瞧不起，请问这有什么木马程序呢？"我说："只要那个瞧不起你的人、没你努力的人或是你讨厌的人比你多一块钱，无论你现在多有钱，你一样都会觉得被瞧不起或心理不平衡。问题不在你有没有钱，造成你痛苦的木马程序在于'比较'，只要你讨厌的人比你没钱你就开心，比你有钱你就瞬间不快乐。所以你快乐的权利都在别人身上，你一点也不自由，这就是木马程序。"还有个学员问我，她对钱完全无感，这是中了什么木马程序？我说："你对生命也无感，是吗？"她想了想，说："对！"钱是明镜、放大镜，也是照妖镜，会显出并放大我们内在的实相，你为了钱会在乎什么、牺牲什么，就可以很容易地找到你中了哪几组木马程序。

“有钱的坏处，没钱的好处”就是抓金钱木马程序的两面照妖镜。依照上述的深度分析，就会发现你目前所列出来的与钱有关的问题，无论有钱、没钱都无法解决。你会顿悟自己人生的主要问题与钱一点关系都没有（帮钱脱罪、洗刷冤屈），钱是中性的，无好无坏，全看人怎么用，就像刀可以用来雕刻也可以拿来砍人。可以就你写的“有钱的坏处，没钱的好处”，将所有被你误以为真的“错误句”反向（找反例）校准，修正程序代码，例如：用钱是自由的、有爱的、很安全、有意义、有能量……替换掉原本对于金钱充满恐惧与罪恶的频率，这是从金钱木马程序脱困的第一步。

反向找到金钱木马程序

刚才说了快筛金钱木马程序的两句话：**有钱的坏处，没钱的好处**。如果真的想不出来，可以改写成**“没钱的坏处，有钱的好处”**，转个弯来找到自己的金钱木马程序。同类型问句还包括：如果你身无分文或遇到不可抗力的负债，你觉得会有怎样的问题？会出现怎样的频率？

一个学员的答案是：没钱的坏处是生病没钱医，有钱的好处是可以自由做自己喜欢的事。所以他的木马程序有两组：第一是害怕生病，第二是认为没钱就没有做自己喜欢的事的自由。

让我们来破解第一组：一个人一直担心自己会生病，而“担心”的频率属于第13级：恐惧焦虑/100，请问长期在这样的频率下，身体会健康吗？也就是说**“害怕”**才是他身体不健康的主因，也是**阻碍他健康的木马程序**，跟是否有钱看医生没关系。再来破解第二组：做自己喜欢的事，与是否有钱根本没直接关系，而与热忱有关。网络上可以找到许多素人歌手、画家、音乐家的例子，他们都是利用上学或上班以外的时间来练习，**没有钱反而是拖延不去做自己喜欢的事的借口**，也是让自己继续没钱的木马程序。

一次课上，一个学员说：“老师，我觉得有钱很好啊，当我有钱时我就没有任何问题了，我实在想不出有钱的坏处。”

我问：“如果你没钱，你会如何？”

他说：“会很焦虑。”

我问：“当你有钱的时候，会不会焦虑自己有一天突然没钱？”（这叫作“金钱恐高症”）

他说：“会！”

我说：“所以你有钱时也会焦虑啊。也就是说，无论你有钱或没钱都会焦虑，**焦虑恐惧就是你现在的木马程序，跟有钱没钱一点关系也没有**，甚至等你有钱之后，还会放大焦虑。比如如果你现在就不信任人，等你有钱就更不信任人（例如开始请保镖）；有些乐透头彩的得主，一段时间之后过得比没中奖之前更惨。歌手赖佩霞曾说：‘你慷慨，有钱后会更慷慨；你自私，有钱后会更自私；你高兴，有钱后一样高兴；你不开心，有钱后会更不开心。’”

破解金钱木马程序的方法

不是贫穷限制了想象力，而是想象力的缺乏造成了贫穷

我2017年去腾讯演讲，提到未来科技可以做到：聪明人或是专家的脑波，可以改变一般人的脑波，使之瞬间学会开飞机、射箭、掌握某一种语言，或是弄懂某一门艰难的理论。所以未来说不定可以购买创意人的脑波，有想象力的人可能会特别吃香，因为他可以卖脑波给别人。有想象力的人可以达到财富**无成本、无上限**的状态，没有想象力的人的工作会被机器人、聪明人复制的人工智能所取代。当时有个腾讯工程师在听完我的演讲后，问了我一个问题："这样不公平啊，我的脑波如果被一个富翁用一块钱买走了，我岂不吃亏了？这就是贫穷限制了我的想象力！"我当场用一段话把他的金钱木马程序打破了："如果有一亿人用一块钱买了你的脑波，说不定你瞬间就比富翁有钱了。你为何认为只有一个人会买你的脑波？并不是贫穷限制了你的想象力，刚好相反，是你贫乏的想象力限制住了你无限富有的可能。"

所以，如果你一直都处于辛苦穷忙的状态，要优先检查你中了哪些金钱木马程序，财务篮是否有破洞而导致你一边装水一边漏水？如果有，表示你的视野、维度和频率都还可以往上再提升与拉大，只要频率调准，原来你以为要花五十年才能累积的财富，很有可能瞬间达成。你误以为是财富跨时空转移，但其实不是，那只是速率、频率、速度决定时间长短，就像原本乘火车走要花十天，但坐飞机时间可以缩短为几个小时。你也可以参考"跨悬崖"（见图6-5）的概念（两个板块的最短距离）或"虫洞"（见图6-6）的概念（两个维度最短距离）来思考。

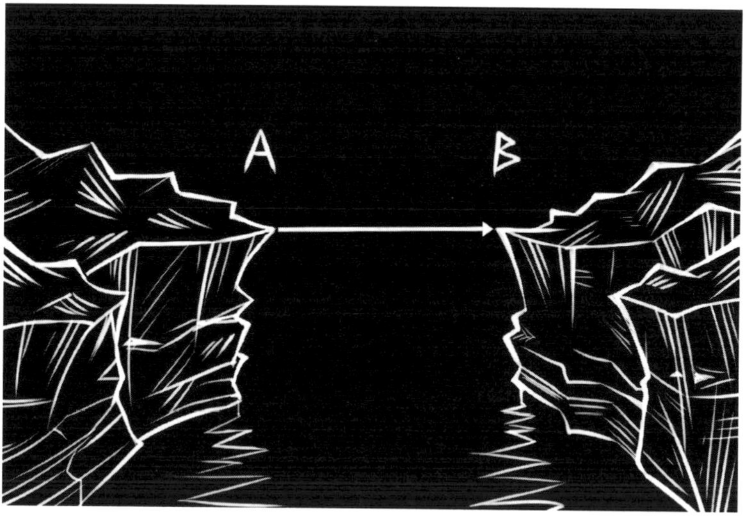

图 6-5

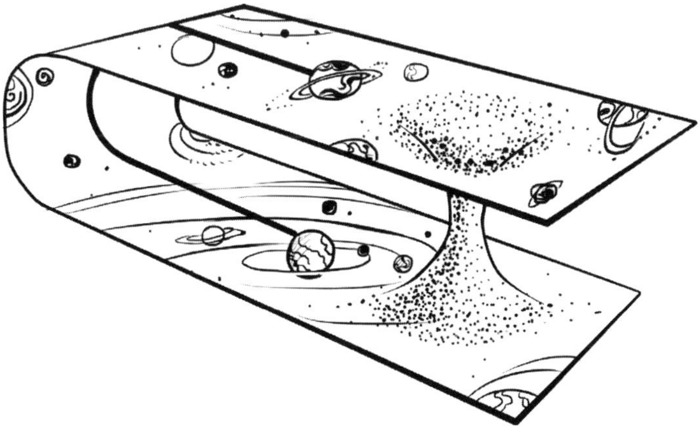

图 6-6

对钱不设限，对来源不洁癖

《犹太人的财富智慧》中有一段话，可以用来解释没有金钱木马程序是什么状态。我在每句旁边加以点评，并标明其频率带所在。

犹太人对赚钱始终保持一种“平常心”

——→第 3 级：宁静喜悦 /540

也就是始终把赚钱看作一件极为平常、正常的事

——→第 8 级：中性信赖 /250

既没有对钱敬之如神

——→**没有** 第 12 级：渴爱欲望 /125

也没有恶之如鬼

——→**没有** 第 16 级：罪恶谴责 /30 或第 17 级：羞愧耻辱 /20

更没有又想要钱又羞于碰钱

——→**没有** 第 12 级：渴爱欲望 /125 或第 17 级：羞愧耻辱 /20

伸手拿钱，眼睛又飘向别处

——→**没有** 第 12 级：渴爱欲望 /125

钱干干净净、平平常常

——→第 8 级：中性信赖 /250

赚钱堂堂正正、大大方方

——→**无愧疚感** 第 9 级：勇气肯定 /200

以这样的心境，犹太人赚钱时出奇地随意自在，理所当然

——→第 3 级：宁静喜悦 /540

也就是说，如果**把钱视为中性或是空性，不投射任何个人的成见、偏见在上面，对钱没有不悦感、愧疚感、罪恶感和限制性信念**，或是觉得匮乏所以想从别人那儿掠夺，这样才算是没有金钱木马程序，也才能恢复金钱自由流动的能量，可以无限扩张，就算瞬间归零也不怕。

超值比便宜更重要，全赢才是无输家——打破削价竞争的迷思

导游好友L，我跟过她带的团，她很专业也充满创新，经常带我们去她发现的私房景点。她的团属于半自助团，每团的费用不高，但很辛苦，得自己提着行李上上下下多层台阶、等地铁、等火车、等公交车……所以每次参加她的团之后，我都累到需要休息一个星期。后来我问她，能否提高团费，配个游览车与领队，一方面大家省掉等车的时间与自提行李的疲惫，二来可以利用车上的时间讲课、听音乐或休息，多出来的时间还可以多去几个景点。但她说："可是价钱变贵就没人参加呀。"我说："贵或便宜要看行程，一般七天的行程每天上午下午各一个景点，但如果省掉等车的时间，可以一天排三到四个景点。也就是说，这个比较贵的行程，其实比过去多了一倍的行程内容，但对团员来说节省了时间，他们不必分两次参加，还省了一趟来回机票。团员多了一倍的收获，还省了体力，团费只多三分之一，你也可以收入倍增，多出来的时间可以选择多带团或是陪家人，再加上有领队分担，你的工作也不会那么累。"她听完我的建议后调整了出团形式，年收入比过去多了三倍，工作时间却少了三分之一。

所以，请调整你的价值观，超值比价钱重要，不要为了低价牺牲质量，事业的长久，想要好的口碑，就要靠质量而不是低价。要**打破贵与便宜的迷思，把时间也列入思考范围内**（为了便宜，浪费时间其实是不划算的），不要受到“价钱”的制约，只要给消费者“超值”的内容与服务，多方就都是赢家，都比原来更好（包括原来的产业也可以因此转型）。要掌握好这个原则：**超值体验比便宜更重要，全赢无输家才是可长久的**。

我自己带的旅行团完全不考虑价钱，因为我觉得**时间比钱贵**，同样十天的欧洲行或印度行，我唯一考虑的是，如果一生只有一次机会到这里，有什么是一定要体验的？我只考虑价值，完全不考虑价钱，也会尽可能在有限的时间去所有我觉得一定要去看、去吃、去体验、去学习的地方，也不惜花高价请专家级的导游来讲解。世界太大，一个地方重复去很多次的机会微乎其微，所以一次性把该看的都看过非常重要，**一次美好饱足的巅峰体验，能创造一连串频率相应的事物**。我也认为“越旅行越富有”，因为旅行后的眼界不同了，思维更有多元创意，所以这种从饭店、餐厅、景点、导游全都独家定制化的团费，比其他制式团贵一倍以上都值得，因为光是专家讲解的内容就非常超值，是可用一辈子的创意灵感与滋养。我在《环球旅行箱：创意启蒙之旅》中提过，跟专家走看门道，与自己走马观花是两种不同的层次，101楼与1楼的视野是天壤之别。所以我很庆幸在年轻时愿意多花团费，跟着艺术家、建筑师、教授的主题团去旅行，当时我随团学到的视野和观点到二十年后的现在还一直受用，而当年的团费早就赚回来了。所以我经常跟学员们说，**不要被价钱绑住你的决定，只看价值不看价钱，是突破木马程序的重要方法之一**，否则你会永远被困在某条“价格带”之下，突破不了。

我有一个教占星的朋友H，她的占星知识很丰足，也有一套非常独特的教学系统，但每当我想帮她分享开课信息时，她总是唯唯诺诺地说不太想做宣传或广告，因为她觉得如果太多人来上课，会很商业化。她中了很深的金钱木马程序，认为“钱＝商业≠灵性”，我知道自己无法从她脑中移除既有的“商业”概念，只能重设“金钱的定义与联结”，于是我请她把观念改成“灵性+影响力＝丰盛（钱）”。我跟她说，**你教给学员的课程内容，只要比他们交的学费超值就可以了，**学员们学到超值知识，你也有钱可以到海外进修高阶占星学，所以不需要对钱或是丰盛的生活有罪恶感。两年后，她的年收入是过去的好多倍，也四处旅行、享受生活——她改变了对钱的观念，也同时改变了“灵性＝苦行生活”的设定。所以你可以问自己，怎样的案子、客户是你最不想接的（违法、违背良心的事除外），容纳百川的大海不会嫌弃任何涓滴之水，**对钱不设限、对来源不洁癖**就是这样的广大频率，电影《被称作海贼的男人》可以作为参考。

你可以写下你对“商业化”“自我宣传”“做广告”这些词的定义、感受与看法，然后找出卡在你与资源、金钱之间的木马屏障。我脑袋里没有“商业化”这个词阻碍我做任何事，更深度且具体地说，我不会在乎别人的看法，因为我对自己所做的每件事都是百分之百信任与负责。不自信、害怕别人评价，就像孕妇害怕孩子万一生出来长得不好看，别人会不喜欢他——难道因此就不生了吗？金钱资源就是一种能量频率状态，你越不给它设限，它就越自由无限。

类似的木马程序还有下面这个例子。有位学员想开一个插画线上课，来问我的意见。

学员："老师，我受到你的鼓舞，决定在网络上开插画课，请问我一开始免费授课行吗？"

我："你为什么想要免费？"

学员："因为刚开始嘛，没什么人知道我，所以先免费吸引大家来上，等到他们觉得课程很好，再开始收费。"

我："你去上学时，学校有提供免费试听课，试听之后你再决定上不上学吗？或是当你想听某位专家演讲，你会因为他收费而不去听吗？"

学员："不会啊，想上学或是特别想听这场演讲时，就不会在意是否免费。"

我："那你自己的课为何一开始要免费？主要问题不在于免费或收费，你觉得自己刚开始开课可能没什么人来，觉得自己的课现在不值钱，怕别人因为收费不会来的这些'不自信之担忧'频率，以及低自信造成低估自己的产值、价值才是问题。就像我之前举过的例子：如果一个医生对他的手术水平没信心，就算是免费的，你敢让他动手术吗？如果一个老师对自己的课没有信心，请问学员敢来上课吗？就算是免费的，他们还要花时间与交通费。重点在于课程是否对他们有益——我去听演讲从不看价钱，因为演讲好坏、

> 是否有收获，与是否免费根本无关，只要我从这堂课的收获大于付出就值得。如果我去听了一场免费但没什么实际内容的演讲，浪费了我的时间，一样不值得。所以请不要把价值的定义权交到别人手上，这就是你的金钱木马程序，如果不解除，之后你会一直困在这个频率设定中出不来。”

所以你现在就可以问自己这个问题：“什么东西比钱贵？家人？友情？健康？时间？快乐？自由？良心？爱？天赋？或是其他？”以此问句来重新定义你的生命价值观，也只有这样才能拿掉木马程序的遮眼罩。

没有金钱木马程序的人，不会因为价钱而决定要不要做什么或要不要买什么，只会依据价值来做决定。也就是说，当你能看见别人看不到的价值，这个独到的眼光与能力，就能使你从价钱的限制中解放自由，你也就有了点石成金、把无限变现为资产的能力，你就是自己无上限的自动提款机！

解决你的金钱矛盾点

我们之前说过木马程序第四个特征是“矛盾性”：想要达到的目标，跟内在潜藏的木马程序冲突却不自知，就像一支箭无法同时射向两个靶心，内在外在来回拉扯，以致梦想永远不会聚焦成真。也就是说，我们若想破解金钱木马程序，就要先找到自己的矛盾点，例如：

1. 想要有钱却仇富，忌妒、讨厌、痛恨有钱人←——你想成为连自己都讨厌的有钱人吗？你可以列出“你觉得有钱人都是怎样的人”，来仔细检视自己对钱的排斥。

2. 想赚钱却又讨厌工作←——钱是工作的副产品，你要重拾对工作的热情，或是换一个你有热情的工作。

3. 一边嫌薪水少，一边自我安慰说自己其实不在乎钱←——如果你真不在乎，薪水多少根本不会在你脑袋里。

4. 总是不相信别人，却又想要别人的资源；怕被人家说“急功近利”却又想要快速赚钱←——跟钱的能量有欲拒还迎的矛盾关系。

所以你现在就可以写下你对金钱的矛盾点，彻底搞清楚自己真正想要什么，然后把矛盾点汇整为单一清楚的焦点，这样就可以不再受到木马程序来回拉扯的耗能影响。

补好财务破洞，恢复健康体质

斋藤一人在《钱教会我的真理》中提到：“因恐惧而存钱，钱会因为恐惧而消失。”这个“恐惧”就是财务篮破洞所在。

曾经有个学员找我咨询，她说这几年被一个心灵成长团体骗了五百万人民币，我问她是怎么被骗的，她说当初对方邀请她担任这个团体的大中华区总裁，但需要先投资五百万人民币。我跟她说：“**没人能骗你，除非你先骗自己**，如果有人跟我这样说，我完全不会被打动。因为我一点都不在乎头衔，所以至今没有任何被骗钱的经验，**没有人能给我自己本来就有的，也没人能给我本来没有的**。当你觉得自己不够好时，别人就会利用‘应该要努力成为更优秀的自己’来诱惑你，给你这个头衔让你看起来比较厉害，而这个‘看起来很棒的自己’与‘真实的自己’之间的缝隙，就是被骗、被利用的空间。”

也就是说，如果你先骗了自己，别人就有办法拿你最在乎的人事物来骗你——你在乎面子，别人就给你面子来骗你；你想要健康，别人就拿保健品来骗你；如果你想要爱，别人就给你爱来骗你……所以才有各式各样被骗的理由产生。只要我们对自己百分之百诚实，完全接受自己的现况本貌，没有“另一个更好的自己”在前面作为名、利、爱的诱饵，别人没法见缝插针，你就不可能被骗，这就是“无欲则刚”的道理。

如果一直**遇到被骗的情况，可能要先检查自己是否有“骗”自己的频率**。有一个朋友抱怨说身边的人老是利用他的名声去宣传自己，我跟他说：“你自己也有利用别人的名声为自己宣传啊，所以你也会这样防备别人。有时你也会利用自己的名声要人家给你特权或优惠，把自己的名声当成生意的交换货币，去创造出完美的自己以赢得别人的爱与尊敬。完美却虚假的自己与真实的自己之间，就是利用与被利用的空隙，也是你担忧、恐惧、痛苦的来源。”

我在《心诚事享》中提到了**焦点从收入转为花费的资产扩增法：**把自己的财务水位定为in（收入）：out（支出）=9：1，若觉得这个1不够生活花费，就想办法扩充自己的潜能天赋转为财富，然后再把“省钱”的能量转为“花钱”（不怕匮乏、信任且有觉知但不受限地花钱，而不是用来填补心灵空虚、发泄式地乱花钱），这样就把钱“有限”的能量瞬间转成“自由无限”。所以我会建议目前有入不敷出或是负债情形的人，**先找出让自己有财务破洞的金钱木马程序，**使财务尽量达到in：out＝3：1，甚至扩能到in：out＝9：1。等到财务恢复到健康体质后，就可以放开这个标准与数字的限制——先完成“小目标”，然后再把这目标解除，以免挡住无边无界的资源。

无成本，无上限

所谓“降维攻击到你死我活”与“升维联合扩充”的差别就在于频率。你可以思考一个问题：如果听到别人说某人很有钱，你会不会想知道他到底有多少钱，是否比你有钱？如果你是这么想的，你已经落入了竞争模式，这种模式会让你瞬间掉入“资源有限”的匮乏频率里。

《失落的致富经典》一书中提到：“那个创生出万物的智慧存在体，会为了你创造出你想要的，但是不会为了你，夺走他人的资源物品来拿给你，你必须摆脱竞争的想法。通过竞争方式获得的财富永远无法使人满足，也无法长久，今天属于你，明天可能就属于别人。你要做的是创造，而不是与他人争夺已创造的一切。你不需要夺走任何人的任何东西，不需要在交易时斤斤计较，不需要欺骗别人或占人便宜，也不需要羡慕或贪图他人财产，世界上没有你不能拥有的东西，也没有那种唯有通过夺取才能获得的东西，**你要成为创造者，而不是竞争者。**当你通过这种方式得到你想要的一切时，你所影响的每个人也都将拥有更多。”也就是说，资源不是省下来或是抢来的，而是从无限创生出来的，竞争会掉入“有限”的框架与模式里，所以不要设目标，眼前只有自己的道路，不分心，不必去听他人的意见。一旦解除金钱木马程序，就能达到**“无成本，无上限”**的状态，也就是从零开始，创造无上限的富裕状态，以当下的全然力量与喜悦的频率，创造出与过去完全无关的现在与未来，这就是霍金斯意识能量层级表属于200以上的正向频率，也是决定你所在的资源海平面的高度。

有哪些方法可以使你瞬间从金钱木马程序脱困？在《心诚事享》一书中我提到了“乐透除障法”：想象一下，如果你中了数亿的乐透头彩，你最想做哪些事？马上不再做哪些事？然后再想一下，你想做的那些事可否在没有乐透奖金的情况下完成？这是可以拓展天赋才华潜能的方法。

我在巡讲木马程序课时提出了一个新想法，就是**“高维度缩时梦想计划”**，原理就是：如果要你算出“1+2+3+…+99+100”等于多少，你会怎么算？是一个一个数字加起来慢慢算，还是退后三步看到完整的算式之后找到对称性：1+100＝101，2+99＝101，…101×50＝5 050，三个步骤就算出来了？后者出错率与计算时间远少于前者，这就是**“高维三步骤法”**，能量频率维度的变化缩减了琐碎的时间，出错率极低，不会逆转（即会了高维的方法后，就不会再用比较慢且容易出错的方法，正如你看过101楼的视野后，就无法假装自己没看过），也接近无木马程序的“高速高效状态”。也就是说，如果你现在身陷于“穷忙”“瞎忙”“时间不够用”的状态，表示你还需要拉高维度并调整频率。下面我们可以实验一下**“三个月完成一年总收入”“三年完成终生财务自由”**的计划。

三个月完成一年总收入之高维度缩时梦想计划

1. 请写下你去年一整年的总收入 A；
2. 请写下你过去五年（若不满五年以实际年份来计算）的平均收入 B；
3. A 或 B 请选择数字较大者为 C；
4. 请写下今天的日期：____年____月____日；
5. 三个月后的日期：____年____月____日→要在这一天完成 C。

以我自己为例（见图6-7）：因A较大，所以选择A为C。

图 6-7

我在接下来两个半月内，把本年度的C1、C2工作做完，也就是用三个月中大部分时间来完成85%的年度工作。**因为以前做过，可以把流程化零为整，用“高维三步骤”来完成本来要花一年才能做好的事**，然后利用剩下的琐碎时间，把C3的目标完成。因为一年的收入已经在三个月完成，所以剩下九个月不是拿来完成更多的收入，而是用来做自己想做但没时间做的天赋梦想计划，与收入完全无关，亦不必担心生计或成败，是纯粹用来创造生命意义、自由探索并开启天赋潜能的时间D，例如：画绘本、写剧本和小说、旅行、研究心理学与天文物理学……D就是用来实验“无成本、无上限”的完整时间。

如果你是规律上下班者，不需要离职，一样可以先画收入百分比图。（见图6-8）

例如，A包括：固定薪水90%→C1；

其他收入10%→C2。

你可以先帮自己开创出其他的天赋财源（非直销、传销），利用上班以外的时间，来完成一两项可以带来收入的副业→D1。

想办法在三个月内将D1的金额做到跟C1一样，并同时完成C2。

然后剩下九个月下班时间、假期，或是琐碎的时间，就像开启一个又一个的平行时空，百分之百地投入纯创造生命、自由探索天赋的时间D2，让自己的自由财源收入慢慢大于原来的工作。你越熟练于调配时间比例，就越有选择权。

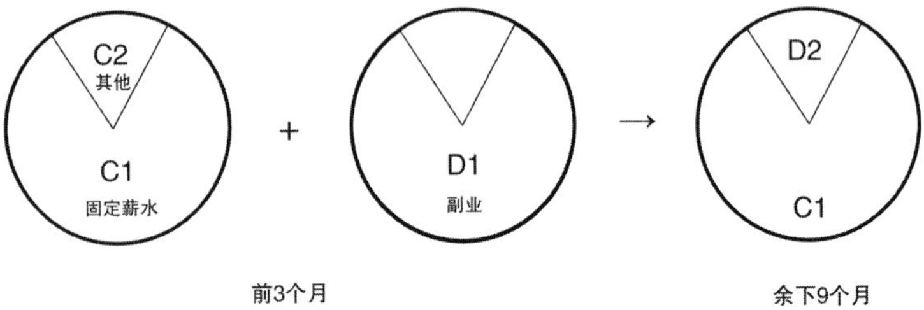

图 6-8

三年完成终生财务自由

首先了解一下财务自由的定义：不必为谋生计而去做自己不喜欢的事，也包括有足够可自由运用、可享乐的时间与钱。

具体方法如下。

1. 移除金钱木马程序：想要财务自由，要先移除对钱的害怕与恐惧，因为焦虑恐惧的能量是萎缩的，越发展离自由广大就越远。
2. **拟出财务完全自由后的梦想清单**，当你在想、在写的过程中会把频率调到已经完成的喜悦，这个频率会自带行动力，让你无忧无惧地开始进入新的版本。《失落的致富经典》中提到："你必须先在心中为你所想要的状态描绘出清楚且明确的图像，并随时将这图像烙印在脑海中，一闭眼就能看到它，就像舵手永远知道罗盘的方向，也如同船员驾船航行时要将港口的形象烙印在脑海中。"最重要的是开放所有可能的完成途径，不要用你目前的焦虑来控制完成的方式，聚焦于最终目的地然后放手是非常重要的。建议在这过程中播放激昂振奋的音乐，往后可以再重放音乐，随时回到这个频率。

3. 如果三年后你已经达到完全财务自由：

   实现完全财务自由的金钱或资产为 a，

   目前的收入为 b，

   a − b = c 就是你关键天赋、关键作品可发挥的产值。

   想想如何以你目前的天赋才华条件来完成它。今年请花最多时间来开启最关键的一件事 c，明后两年完成 c 的其他细节，发挥最大亮度与产值。

4. 把频率再调回**“完成财务自由后的梦想”**状态，加上“感谢一切已完成”的频率，把前面列的“最关键的一件事”“其他细节”写进记事本中开始行动，但要随时关注各种可能的弹性。

让资源自己流向你的调频法

我一直都有筹办创意学校的想法，如果照过去的线性概念，就会先找地，再找钱，然后开始设计学校的课程。但我决定做个**“调频调维度实验”**，就是我开心地把学校的名字想好，校园规划图画好，课程设计好，运营方式也想好之后，开启一个平行版本，随时在想此时此刻我在自己的学校做什么。就这样想了没几天，在我没有把消息透露出去的情况下，陆续有五个人主动来找我谈办学校的事，分别是明星、地产商、学校、文创机构、网络平台，他们有钱有地就是没想法，我所需要的资源就这样毫不费力地自己来找我。这就是比心想事成更快、更有效的“心诚事享”：把频率调到敞开、信任、喜悦、极乐，**并开始进行自己所能做的第一步**，这个频率会自带“完全不必努力外求，所需的一切资源会自动完成归队”的动能，就像是我到“创办学校”这个梦想的最高楼，把计划带到那个楼层，自然就会遇到把钱与地带到同一个楼层的团队，然后瞬间合拍，立即显化，这就是**维度与频率决定完成时间**的原理。

芬兰于2017年2月开始实施了“无条件全民基本收入法”（Unconditional Basic Income）的社会实验，芬兰政府在两年内为2 000人提供无条件基本收入，在不审查任何条件与资格的情况下，由政府或团体组织定期定额发放基本生活资金，从接受福利的人群中随机选出，每位每月可以得到560欧元（约4 500元人民币），无论他们是否已经有工作。有些受益者已经感受到了这个实验的好处，生活压力下降，更有寻找工作的动力，还有更多的时间来完成其他梦想。一位曾经接受福利补助的年轻人告诉《经济学人》，他在接受福利补助时，如果接受一些兼职工作就会导致福利停止，现在他不用那么紧张，也不必再花时间填写各种表格，或者定期与就业机构官员面谈来保住收入，他正准备开始自己的生意和艺术创作。加拿大、美国、荷兰等国也开始在小范围内试验类似的公民基本收入计划。想象一下，如果每个人都有保证的基本收入，就不再需要花百分之八十以上的时间谋生计（如支付房租、水电费、三餐），大部分时间都可以拿来做自己喜欢的事，而那些清洁或垃圾处理工作可交给机器人去做，这会对未来整个社会创造力、创新力的发展有极大帮助。目前肯尼亚等许多国家也正在小规模试验中。在这样的未来到来之前，我们可以利用“高维三步骤”，**以最短时间帮自己赚到“基本生活保障”，其余时间投注于“无成本、无上限”开拓天赋上**，这也是面对未来人工智能、机器人取代大部分工作后，人力人脑转移的预演。

结论

特里莎嬷嬷说：“有时我们以为贫穷只是挨饿，衣不蔽体，无家可归。但真正的贫穷是感觉不被需要，不被爱，不被关心。”

钱是人生丰富自由的副产品，所以不要把金钱数字当成人生目标与成就标准，不要拿最贵的时间换你带不走的钱，请把想做的事作为生命动力。很多人会把钱看得比快乐重要、比家人重要、比爱情重要、比时间重要、比健康重要……这都是金钱木马程序所造成的“昏忙”状态。等到有一天，想用钱换健康、用钱延长生命、用钱讨好或补偿家人、用钱换取快乐时，才发现自己忙错了重点，因为钱买不到感情、时间、健康和快乐。

没钱不焦虑、有钱不恐惧、很大方、不被钱限制眼界，是清除木马程序大无限的清明状态。我自己每次在整理财务资产时，都会播放《金刚经》的梵唱，随时提醒自己这些钱都只是数字，到死的那一刻会全部归零，最重要的是爱、时间、自己与自己的关系、人与人的关系、生命的丰富体验——我们若没把时间留给自己，时间也不会被留给我们。

随时从空性里“无中生有”，也能无惧无忧地接受瞬间的“有化为无”，不怕没有、不怕失去才没有恐惧，爱、人际、金钱资源都是如此。

第七章

+

导致身心疾病的木马程序

—

chapter
seven

戴维·霍金斯博士说，他在全球调查过不同人种，有过多次实证答案都是一致的：只要振动频率低于200，人就会生病；200以上的就很少生病。200以上的意念通常是喜欢关怀别人，慈悲心、爱心、行善、宽容柔和……这些都是高的振动频率，甚至可以达到400到500。相反地，嗔恨、发怒、指责、怨恨、忌妒、苛求他人，凡事自私自利、很少考虑他人感受，这样的人振动频率很低，这些低的振动频率即是导致癌症、心脏病等种种疾病的原因。也就是说，**许多疾病都起因于不在爱的频率上，恐惧、愤怒、焦虑的频率才是生病的源头**，这在很多书籍、医学论文与相关文章上都被提过。

生病的好处，健康的坏处

有一个抓取身心健康木马程序的问题就是：**生这个病的好处？健康、康复的坏处？**一个学员跟我说她的小孩很麻烦，动不动就生病，而且各种怪病都有。刚好她的儿子在身后，我就拉他到旁边偷偷问他："你觉得生病有什么好处？"小男孩不假思索地回答："可以不上学，不补习，在家睡饱觉，做自己喜欢的事！"我在事后跟这位学员说："你不要帮孩子把时间排这么满，不要把你焦虑他不够好的木马程序放在他身上，要尽量保证他每天有足够的休息，并且每周留一到两天，让他可以完全自由做自己喜欢的事，这样他就不需要通过生病来换取自由时间。"

我们经常能看到，有的人总是希望通过生病来获得关注，有一种"公主病"就是"没人照顾什么都能干，有人照顾立马全身瘫"。所以对由**"生病的好处，健康的坏处"**所引出来的身心潜藏的木马程序，务必随时觉察并重新设定与调频，不要让你以为的"生病、意外的好处"阻碍了你真正想要的身心健康状态。

是否带着焦虑、害怕生病的频率去健身、养生

我们受周围环境或是过去经验的影响，有时或经常不自主地陷入低潮，觉得自己太胖、太丑、体力不好、不健康、衰老……这些害怕自己不够好、怕因此没人爱、怕从此没人照顾的念头与情绪频率，就是生病的主因，因为绝大部分疾病都来自恐惧、压力、担忧、焦虑，这些情绪会大大影响身体里细胞与器官的运行。只要我们随时提醒自己注意念头与情绪，不要让负向的频率影响了身体健康与生活质量，

觉察之后马上调整到爱、信任、开心、喜悦的频率状态就行了。

有个女生想要努力比过去的自己更健康，于是她设定了一些所谓健康的标准，比如体重、体脂要低于多少，每次用餐她都带着焦虑的频率斤斤计较卡路里。这个“焦虑”“罪恶感”已经让身体处于不健康状态，就算体重再轻或是符合她所谓的健康标准，身体也会因为焦虑而开始产生问题。这部分大家可以继续研读《信念的力量》《情绪的惊人力量》。**如果带着焦虑，以害怕自己不美、生病、衰老的频率去健身、养生、节食或是断食，只会创造出让自己更焦虑的连锁反应，而无法真正健康地生活。**

我们只有锁定健康、快乐、自信的状态（我们的身体会在愉悦的频率下自动释放不需要的东西），才不会因为情绪的焦躁、恐慌、空虚、觉得无力、没能量、没有幸福感而去暴饮暴食（等到自己变胖或不健康之后，心情更不好，身体代谢与循环也变得不佳）。所以我建议先处理情绪再去吃东西。当我情绪不好，想狂吃甜点时，就会问自己是身体真的需要甜食，还是只是想通过甜食让自己开心。如果是后者，我会去找开心的音乐，让身心愉悦地独舞，等开心的能量充饱每个细胞，自然就不再需要通过甜食来刺激多巴胺。还有一个方法是我在闭黑关时创造出来的，所谓闭“黑关”就是九天待在全黑的地方，不吃固体食物，只喝水与蔬果汁来进行排毒。最大的考验其实不是饿，而是馋，因为过去已经习惯只要情绪不好就通过美食来解决，所以我在什么都没有的闭关中只能靠想象来品尝美食。我非常仔细地想象每口食物的滋味与口感，等想完了，我就不馋了。出黑关后，我的健康指标，特别是血液的清澈度比在闭黑关前好很多，才发现原来我为负面情绪付出了非常大的身体健康代价，而情绪在当时只获得了短暂的疏解与满足，没多久就会故态复萌。所以之后我再遇到情绪低谷的状态时，就会以能量舞蹈、想象美食或是泡澡的方式舒压，代谢负向情绪与能量，回温并滋润自己的身心，只吃健康有机的食物，以感谢的方式转换食物能量……这些都不需要花什么钱，日后更不需要忙生病、忙排毒，省钱又省时间，这就是清除身心疾病木马程序的好处！

生病、发生意外的必要性与重要提点

你会忙到没时间去加油吗？等到你的车没油的时候，还不是要停下来？很多人把大部分时间拿去工作，疏于休息与照顾自己的健康，强项在事业，弱项在身体，直到有一天弱项反扑、打败强项，身体通过生病来强迫中止你的工作。这就是人类的身心木马程序：花时间、花钱让自己不健康，然后再花时间、花钱去看病恢复健康。

身体是我们生命的隐喻师，疾病与意外则是我们生命的棒喝师。《向原力觉醒》一书中提到：**“你会明白你所罹患的许多疾病都不是身体的问题而是心灵的。这些疾病都是心灵在表达它的能量，心灵渴望创造力、自由与爱，但你所罹患的疾病压抑了这些能量。显现在你身体结构的所有疾病都是能量的阻塞，这股能量本应自然地流经你，**

让你表达创造力、开放、共融、同情、联结、傻气、幽默、玩笑和爱。其实不是你的身体在限制你，而是你的心灵在限制你，你的身体只不过反映出你的心灵状态。换句话说，**身体是你心内的所有活动在物质层次的呈现**。你的高血压、扭曲僵硬的四肢，以及因为内心封闭所呈现的心脏问题，这些都是想法和信念不符所呈现出来的身体能量的状态。当你的心灵状态与真相一致时，你的身体就会以一种美妙的方式来运作，反映出你的本质。**疾病是爱捎给你的讯息，让你知道你已经偏离了爱，你的内心状态与爱的本质不一致，它会透过它呈现在身体的部位，让你知道原因所在**。换言之，疾病显现在你能量系统中的位置，反映出你需要探究的部分。因此不妨将你人生的问题视为寻宝图，这张图能指引你找到自己心灵出错的位置。请思索一下：你的身体在告诉你什么？你身体的哪个部位受损？你身体的哪个部位没有以最佳的能力来运作？你身体的哪个部位没有受到心灵的爱护？你若无情地谴责身体的某个部位，你就会使那个部位功能失调，请注意这一点。**当你用厌恶的态度来看待你的身体时，你就会使身体生病，因为身体要在爱心、接纳、同情、宽恕、喜悦、创造、联结的心灵状态下才会完美地运作。你若限制爱的流动**（即是你本然自性的流动）**，那么这个限制就会表现在身体上，呈现出疾病、情绪或心理失调的问题**，疾病源于心中上万个想法以及仇恨、恐惧和批判的念头。然而你会学到一些方法来解开疾病的谜团，并了解身体看似脆弱的原因。”

许添盛医师也说过：“所有发生在你身上的事，无论好事坏事，都是你主动的（例如疾病、意外，就像生命的路障，被放在不对的路上，提醒你要转弯），而不是被动的——先认可这就是你想要的（这是拿回生命负责权的第一步），然后再去问为什么。当你从这个角度想事情时，就会发现过去没发现的信念与情绪感受。”

因此，每次生病或是身体出意外时，可以问自己几个问题：

1. 这个病或意外如果是一个对我的“提醒”，请问它到底要跟我说什么？

2. 我为何在这里（医院）？如果这里是教室，请问是要我看到什么？有什么只有在这里才能看到？

3. 如果过去我的一些行为，造成别人也要承受这种苦，现在的我能做什么？如果这世界上还有跟我一样受这种苦的人，我可以怎么做？

下面举四个我自己受伤或突然疼痛的亲身经历。

摩托车擦撞事件

几年前，一个好友从美国回来看我，在我家聊了两个多小时后，我们要各自去开会。我送她到门口时，心想难得见面，怎么不能再多聊两个小时？就在那一瞬间，我被不知从哪里冒出来的摩托车撞上，朋友马上送我去医院验伤，结果正如我愿：我们在医院急诊室多待了两个多小时。

因此，要注意自己的念头，因为说不定会马上成真，以任何形式。要随时保持对当下的全方位觉知。

波黑金字塔滑倒摔伤事件及六个顿悟

2016年我参加朋友筹办的波黑金字塔团，那里的金字塔很原始且未被开发，没有人工步道。我在下坡时不慎滑了一跤，尾椎撞到了石头，当场就痛到几乎站不起来，回到饭店休息后也没有好转。考虑到当地没有好的医疗设备与医院，所以当时就选择了最快的航班回台湾。

一到台北，我立马去家附近的医院挂急诊，照完X光片后，医生说我的第四、第五腰椎断裂，必须马上手术，而且成功率只有百分之五十，若手术失败会瘫痪，若手术成功则需要半年卧床休息复原……这对我来说真是晴天霹雳，因为我下周即将带团去印度，印度回来后马上要踏上俄罗斯艺术之旅，接着八个城市的木马程序课巡讲就要开始，而且这些团、课的招生都已完成。一向守时、守信的我，完全无法想象该怎么跟近千人解释我无法带团与教课。就在这个时候，我突然惊醒，觉察到：已经到这个时候了，我第一个想到的居然是“守信于别人”而不是“自己的身体”，可见自己中了“在意别人对自己的看法”木马程序，而且太强大了，大到都忘了最重要的其实是自己的健康。于是我当下打破了这个困住我数十年的木马程序，也生发了**第一个顿悟：允许自己“失信”，因为健康是最优先且最重要的前提。**没有健康，无论什么团、什么课、什么事都无法进行，所以我马上告知印度团的团员们自己会缺席这次行程，为此感到抱歉，但会有其他老师带领；接着取消了俄罗斯团，订金被没收也不再在意；巡讲课等与医生进一步讨论后再跟学员们宣布新的上课时间。

挂急诊当天是实习医生当班，他帮我预约了三天后回诊，请资深的骨科教授评估后续的手术与治疗。等待的这三天，腰背痛到全天卧床，心情非常低落沮丧，充满了对未来的担忧与恐惧，加上医生交代不可以弯腰，所以洗脸、刷牙、穿鞋……这些原本习以为常的动作全都做不了，我开始抱怨波黑金字塔团的主办方太不周到了，怎么没有提醒我们要穿防滑的鞋子？因为当天不只我一个人滑倒，还有好几位团员也滑倒了。但伤害已经造成了，再多的抱怨也无济于事，突然**第二个顿悟**来了：我是教别人“正能量、正向思考、不抱怨”的老师，我怎么自己就做不到呢？这样无止境抱怨的频率落在霍金斯意识能量层级表格就是：**愤怒仇恨**／150、**恐惧焦虑**／100和**罪恶谴责**／30。

所以我当下决定放个让自己轻松的音乐，**把抱怨转为感谢**，强迫自己转向思考“此时此刻我应该感谢什么”。虽然痛到很难这么想，但我还是感谢自己还活着、还能走、还能生活、还有家人与朋友的照顾与关心、存款足够，所以没有任何生活上的经济压力……于是我的频率从愤怒、焦虑、谴责，瞬间调到了**爱与崇敬**／500和**宁静喜悦**／540，当下心情就好多了。我继续深度思考，这个离奇的意外究竟要告诉我什么？于是**第三个顿悟**来了：为什么不是发生在身体的其他地方，而是在第四、第五腰椎？这个地方是身体的中心，它以上是上半身，以下是下半身，两个半身断裂代表着下半身的速度跟不上上半身的速度，就像车头跟车尾的速度如果不一样，肯定会断开的。这说明我想要做的事情跟我的身体不协调、不同步，想要做的太多、太快，身体跟不上脑袋，所以以这种方式**提醒我让步调慢下来**。

此外，我也以清除恐惧木马程序的方式问自己，同时也是**第四个顿悟**：这件事**勾起了我哪些最深的恐惧？**我发现自己害怕万一瘫痪，就无法自由地做任何事，如看电影、旅行、享受生命，也怕从此无法生活自理，需要被人照顾，原来我对自由带着这么深的恐惧能量。于是我调整频率，让自己对自由的定义不再只局限于身体，而是扩展到心灵，没有恐惧的自由才是真正的自由。这也让我回想起滑跤的前一秒我正告诉自己："千万要小心，不要滑倒了。"才刚一想完就马上摔了，原来**这正是我内在的恐惧所创造出来的恐惧事件**，这真是一个再清楚不过的"多么痛的领悟"！

等待回诊前的三天，因为绝大部分时间都得躺在床上，所以有大把时间可以反思自己的人生，于是**第五个顿悟**来了。我在心里非常真诚地说了以下这段话："所有跟我受一样苦的人，我现在知道你们的痛，**就让这一切到此为止，让我们一起好！**"接下来的冥想也都是带着"我们一起好"的心愿同步进行，就这样持续了三天。

三天后我到医院回诊，见了骨科教授，他看了三天前我在急诊室拍的X光片后，说了我简直完全不敢相信的话："这不用开刀啊！这不是新伤，是旧伤，所以不需要开刀，只要平常稍微注意一下姿势就行了！”就这样，不仅不用开刀，连药都不用吃了，这也代表我完全没有开刀失败的风险，只需要休养几天就可以恢复正常生活。我真的很惊讶，同一张X光片居然有两个差异这么大的解释版本，我无法说是不是前面的五个顿悟帮我换了频率，因而换了版本。印度裔女子艾妮塔·穆札尼（Anita Moorjani），她在淋巴癌晚期因器官衰竭陷入昏迷，医师抢救后宣布不治时活了过来。她自述就在急救的过程中，去到了一个无时间的状态，感受到自己与宇宙万物融为一体，全然被无条件的爱包围，毫无痛苦。在她的自由意志下，她选择了重返人世。当她的灵魂再度回到身体之中，睁开眼睛，晚期癌症竟在三天内奇迹般不药而愈……她说：“当我放弃对抗、顺应生命时，我取得生命最强大的力量，因为我完全放下了过去的教条、成见与挣扎，这促使我的身体自动重设。每个人都有自我疗愈与助人疗愈的能力，当我们触碰到内在浩瀚无垠的整体时，我抛开被疗愈的需要，疾病就会离开身体。以前我总是在追寻，觉得自己必须去做、去争取、去达成什么事，但是追寻源于恐惧——我们害怕不能拥有自己真正想要的东西。现在我不再追求任何事情，我不强求，让事情自然发生。在我的濒死经验之后，人生变得更加顺利。我不再害怕死亡、癌症、意外或任何过去担心的琐事……我知道我跟世上的每一个人一样，都是强大且恢宏美好的爱的力量，并且已经得到了无条件的爱。”

得到医生的好消息后，我持续保持感谢、感恩的频率，以及“一切到此为止，我们一起好”的信念，七天后，好友拿了我的X光片去咨询一位同时精通中西医的骨科医生，这位医生看完X光片后说："这不是新伤，也不是旧伤，是天生的。"接到好友电话时，我正躺在床上热敷疼痛的腰，一听到这个答案马上从床上弹跳起来，腰忽然完全不痛了——"天生的"代表筋肉早已包覆完毕，比"旧伤"更令人安心。事后我找出五年前的X光片，确定了他的说法，因此有了**第六个顿悟：只要把频率往领悟、感谢、爱的方向调整，原来的病或是意外就会转变版本**。即使如艾妮塔这么严重的淋巴癌晚期，也能在三天内瞬间消失，因为她的频率已经在霍金斯意识能量层级表的第2级：安详极乐/600和第1级：开悟正觉/700～1000，与她之前"总是在追寻，觉得自己必须去争取、去达成什么事，害怕不能拥有自己真正想要的东西"的频率：渴爱欲望/125、恐惧焦虑/100完全不同。所以**当我们调整好身心灵的频率，不符合该频率的病或意外自然就会消失。当下的频率就像遥控器，决定命运不同路径**。我的同一张X光片，在短短十天之内居然有三种截然不同的版本，若当初我没有前五项顿悟，极有可能在恐惧中动了手术，然后产生一连串更多的恐惧结果。

武汉烧伤事件

2017年3月，我与团队到达武汉，入住酒店后，我与课件工程师开始编排讲课内容。这个时候，中庭在进行音响测试，声音非常大，严重影响到了我与工程师的沟通，所以我打电话到酒店前台，希望他们能小声一点。过了十分钟还是未见改善，脾气一向不佳的我忍不住又打了一次，此时的口气已经非常火暴了，吼完之后挂了电话，匆匆地把课件交代完。工程师在离开我房间时说："别生气啦，你是来讲课、教大家转换频率的，不是来发脾气的，你要是再生气，我就跟服务员说几号房的客人在'自燃'。"

第二天早上，我想点香净化一下空气，就请经纪人帮我买了一个打火机。才一点燃，打火机居然爆出大火花直扑我的脸上，瞬间烧焦了部分头发、睫毛和眉毛，更惨的是鼻子、耳朵也被烧掉一小层皮，脸烧肿成了猪头样——果然是"几号房的客人在自燃"。我赶紧打电话给经纪人，请饭店的人尽快拿冰块来冰敷。因为必须马上到医院处理，只好临时取消下午的电台采访，叫了车急奔医院。

因为烧烫伤实在太痛，冰块也压不住，所以一路上我非常生气地抱怨经纪人，怎么会买这么一个爆炸型打火机给我，我第二天就要上台讲课了……到了医院，冰块也差不多融化了，但烧烫伤专科医院居然没有提供或是售卖冰块。我与经纪人一边忙着挂号，一边与一堆病患在混乱无序中抢着找医护人员看诊与处理伤口，还要忍受着漫长的没有冰块止痛的时间。就在这个时候我突然想起了"波黑金字塔滑倒摔伤事件"的六个顿悟，所以马上把愤怒、抱怨的频率转成感谢、理解，虽然很痛也很生气，但此刻真的不能再以这样的频率继续下去。当下我进行了几个步骤的觉察。

1. **看一下周围，我现在在哪里？为什么在这里？是要我看到什么？学到什么？**

电影《盗梦空间》里，每往下一层，时间就变得更慢，环境更恶劣，情绪更糟糕，最底层就在医院。我把关注自己伤势的目光转移到整个医院，看到许多严重烧烫伤、皮开肉绽、血肉模糊的人正在水龙头下冲水，小孩、青少年、中年人、老年人……每个人的伤势都比我严重得多，我是整个烧烫伤医院里伤势最轻的。这些患者都在很安静地处理自己的伤口，我仿佛进入了一个人类苦难的圣殿，也像是走进了一幅人类战役图，是一种说不出来的既超现实又极度写实的残酷场景。我问自己：我本来在酒店准备明天的课件，现在为什么在这里？到底要我看什么在原来的地方看不到的？

于是我看到眼前许多挤在医生周围的烧烫伤患者中，有一个婴儿和一个老人。婴儿背部被热水烫伤，有七八位家人在周围哄他、安抚他、帮忙敷药、跟医生讨论病情……一整组照护团队在陪这个婴儿。而婴儿后方有一个行动不便的老人，他拄拐杖拄累了，就去找一个医院的椅子坐在上面，很努力地把椅子移往医生的方向以防别人插队。他的皮肤烧烫伤面积很大，比婴儿还严重，行动不便且身边没有人照顾，一个人努力求诊，帮自己救自己……我看到爱在眼前非常不平等：许多人的一生是否也是如此？一开始很多人关爱呵护，后来孤老自救，若非在此，我不可能看到这幕人情冷暖的强烈对比，于是我未来想做一些关怀孤独老人的计划，因为他们才是最需要帮助的人。

2. **这件事如果是由我的频率所引起的，起火点在哪儿？**

反思很重要的第一步，就是把对外指责的手缩回来，因为外在世界与环境的投影源在自己身上，想一下如果起火点是我，频率是从哪里开始的？于是我马上想起了我生气地打电话去饭店前台抱怨的情绪能量波，也想起了我的课件工程师说的**“自燃”**——我的第一个反应就是“哇！就是他乌鸦嘴说了自燃，是他在诅咒我！”后来我冷静地想到，自己曾说过**“如果你中了木马程序，所有的爱会变成恐惧，如果你解除了木马程序，所有的恐惧都会还原回爱”**，于是我把“他的毒舌诅咒我成真”的愤怒与恐惧的频率，转换成爱的频率：他是想中止我生气的木马程序，所以先提醒我别“引火自燃”，于是我立刻从埋怨转为感谢。

3. **此时此刻，我要感谢什么？**

虽然很痛，而且伤到脸怕破相，加上明天就要上台讲课，在这种极度的焦虑下，埋怨很难完全转为感谢（气都还没发泄完），但鉴于之前金字塔摔伤事件的领悟，所以强制自己把频率从**抱怨转成感谢**。感谢我还活着，感谢没烧到眼睛，感谢自己伤势不算严重，感谢有人陪我来医院全程照顾我（虽然她在几分钟前还是我愤怒与埋怨的对象），感谢医生护士在这个充满惨状、宛若人间炼狱的地方，像天使一样忍受哀号、抱怨、生气、谩骂的负能量，还要耐心地照顾患者。很佩服并感谢他们愿意在第一线做这么艰难的工作，我才待不到半小时就快疯了想逃离，而他们却要在这里待上大半个生命时间……这样想了大概五分钟，我就从怨天尤人的负向频率转向了平静。

4. **一切到此为止，我们一起好。**

医生看了我的伤势说，至少要一个月才能恢复，所以隔天一定会带着伤上课。但因为心情平静了许多，该学的功课也学到了，所以我拿了药准备离开医院时，特意看着周围还在医院受苦的人们，在心里跟他们说：**“让我们都学到该学会的，一切到此为止，我们大家一起好！”**等我上完课回到台北后马上去皮肤科，医生给了我新的药，说：“放心，不会留疤，几天就会好！”在擦药期间我以**“一切到此为止，我们一起好”**的心念持续保持自己的安详频率，从事发当天到结痂痊愈脱落完全无痕，只有七天！

泰国“黑关”心绞痛事件

2018年4月我在泰国闭黑关，不知道为何突然心绞痛，很难呼吸，顿时脑中充满了对自己心脏病病发死掉的恐惧。但当时是半夜，老师以及工作人员全都熟睡了，我知道只有自己才能救自己，于是放掉担忧与恐惧，把频率调到安心状态，焦点放在心脏，以意念将所有爱的频率灌入其中，并反复一直念老师教的箴言**“我是纯粹的爱、我是无限的、我是永恒的”**，大概十分钟后就恢复正常了。

小结

当我们遇到上述所谓的“离奇”事件，如无影摩托车撞伤、浅坡摔跤、打火机爆炸、半夜突然心绞痛……要**先辨认出是否为“提醒”等级的重要讯息？**如果是，就必须开启**完全觉知模式**，一层一层深度地领悟学习——**当下的频率决定最终的版本**，事情发生时，不要用抱怨模式去面对，而是要思考它对于你的意义。用最好的心态、频率状态去面对它，你会发现真的有特别神奇的转变，当你从中学到了、领悟到了，不断重复的“鬼打墙”也就终止了。

如果遇到自己或身边的亲友生病，可以仔细研究他们是因为怎样的负向情绪而得此疾病。比如经常自责，或是要求自己变得更好的人，经常会有免疫系统或肠胃问题。请务必马上调整频率，因为身体就是我们最贴身的频率指针。

第八章

＋

木马现形记

—

chapter
eight

木马程序常见五大模组

不信任（自己、他人）模组

1. 觉得自己不够好、不够美、不够聪明、不够有钱、不够优秀，此模组很容易让你误以为“别人认为你不够好”，但他们只是说出了“你对自己的感觉”
2. 自卑，觉得对方看不起自己
3. 内在空虚、没有自己的生存价值感、存在感不足
4. 勤学好问以赢得关注
5. 容易自责，觉得都是自己的错，于是常吸引别人对你说“这都是你的错”
6. 不自信导致害怕
7. 不自信、看衰自己的未来，比较严重的会变成“觉得自己不值得活下来”，导致自毁

8. 茫然

9. 失败

10. 不能自由做自己

11. 不自信之择苦

12. 觉得自己不被爱或是不值得被爱

13. 求爱讨爱

14. 无法与人亲近，怕暴露自己

15. 恐钱症：觉得自己不配拿这么多钱，或是觉得钱不干净

16. 免费的才要、才做

17. 乐极生悲

焦虑模组

18. 怕时间不够用

19. 生存的焦虑与恐惧

20. 拖延

21. 担忧匮乏

22. 吝于给予

23. 焦虑未来

24. 比较与竞争

25. 怕落后

26. 怕失败

27. 焦虑单身

28. 害怕失去家人
29. 害怕死亡

怀疑模组

30. 怀疑并放弃自己
31. 对情与爱不信任
32. 怀疑对方不爱自己
33. 疑心对方出轨
34. 爱情疑心病：全天下的人都是情敌
35. 无效

控制模组

36. 抢快 / 抢先
37. 争赢
38. 战斗
39. 打造最优秀的自己
40. 光耀门楣，爱面子
41. 独裁
42. 能者多劳
43. 负责任
44. 望子成龙、望女成凤
45. 反叛

46. 爱情控制狂

47. 控制导致自毁毁人

48. 抱怨

49. 完美主义、自我要求完美

孤独模组

50. 因恐惧受伤而自断感情

51. 恐惧感情分离

52. 总想拯救他人

木马程序的藏身之处

下面我会完整地列出木马程序躲在哪些地方，帮你找到困住你生命长达10年，甚至20年以上的木马程序。

1．家族共同模组。

仔细观察自己的祖父母、外祖父母、父母及其他亲戚们共同的木马程序模组，检查自己继承了哪些木马频率。

2．微博、微信头像下的个性签名。

个性签名的反面就是你的现况。例如，有个学员微信头像下的个性签名是“爱让世界转动”，我问她：“你常感到不被爱、不快乐、没动力，有抑郁的倾向，对吗？”她说：“对！我有抑郁症，老师你怎么知道？”我说：“很简单，爱让世界转动，倘若没感觉到被爱，你的世界就转不动了。一个内在充满了爱的人，能让世界快乐地自转，不会拿这句话当座右铭。座右铭表示你所缺乏、所想要达到的状态，但如果你的频率不调整，就永远也到不了想要的状态。”她说：“难怪我女儿常问‘妈妈你爱我吗？’原来女儿是我一直讨爱的镜子。”

3. 经常买某一类型的书。

如果你经常买成功学的书，要注意自己是否中了“对失败焦虑”的木马程序。如果你经常买学习类的书（无论是给自己，还是给家人、孩子），要注意自己是否中了“焦虑自己不够好”的木马程序。

4. 常讲的口头禅、关键词，坚持的原则或底线。

我有个认识十多年的同学，他经常去上各式各样的心灵成长课，找过无数位心理咨询师，但始终都没能真正解决他抑郁、失眠的状况。他的口头禅就是“无效”，这也就是他的木马程序。他的“不信任模组”先是让他不相信自己，所以去找别人，找了别人之后又不相信别人，因此他不断地体验各式各样的课程、老师，只是为了证明他的原设定“无效”。即使是有效的方法，因为他的木马程序是“无效”，他也会忽略不计，他的人生就这样“鬼打墙”了数十年，花了数不尽的时间、钱、精力寻觅各种“最后证明无效”的方法。但如果换一个角度来看，他为何选择“无效”来作为人生的关键词？或许他想要不断“实验失败”，这样才有继续往前尝试其他路径或方法的动力，或许他潜意识根本不想被治好。

5. 喜欢的歌曲、戏剧、影片、书籍或新闻中某些关键词或事件。

6. 大脑中关于竞争、比较、数字……的信念或座右铭。

7. 优点、特点背后没看到的盲点、弱点、致命点。

8. 自己是怎么讲述过去创伤悲惨的人生简史的，或是如何讲完自己的经历、故事后的结论。

9. 愿望、梦想清单。

现在请你列出人生最想要完成的三个愿望，当你在想这三个愿望时，带着怎样的频率？是爱、焦虑，还是恐惧？如果完成了这些愿望，你最害怕什么？会产生什么问题？如果愿望没有完成，你的频率会落在哪儿？这都是检查愿望中是否藏有木马程序的最彻底的问法。

10. 你最怕谁生气。

请深度思考一下：如果对方生气，你会怎么样？会恐惧、害怕、焦虑？你会失去什么？爱、生存能力、住处、钱、食物、自由？你究竟在怕什么？只要你怕对方生气，你就会被他不高兴、生气的情绪要挟、控制。例如：为何你怕孩子生气？或许你怕失去孩子对你的爱，这份恐惧才是你要解决的木马程序，因为无论你对孩子怎么百依百顺，都无法保证他们永远只爱你，一旦得不到你要的爱，或是孩子爱上别人，你就会痛苦。

只有不怕没有，不怕失去，完全做自己，才算是没有木马程序。有人怕自己生气，其实是怕自己在别人面前失控，怕失去别人的爱与尊重。

11. 你害怕冲突吗?

别人可以利用冲突来控制你、要挟你，使你不得不服从、妥协。你会克制自己的负面情绪，尽量不表达自己的不同意见；或是别人说什么都说“对”，完全不敢表达主见，失去自己；或是为了“以和为贵”，长期容忍压抑，到最后要么情绪大爆发，要么身体出问题。你可以问自己，如果身边人都不在，你是谁?

12. 情绪失控的引爆点。

宗萨蒋扬钦哲仁波切说过：“事实上不是别人做了什么让你生气，让你生气的是你内心的执着（木马程序），如果你没有任何执着，别人做任何事都不会激怒你。例如：你受不了别人脏乱，你被激怒是因为你有洁癖。萨特说：他人是我们的地狱，我们认为让我们痛苦的罪魁祸首是别人而不是自己，**你如果不明白你的敌人是自己，就会把所有的时间用来埋怨他人或是改造他人**。我们的痛苦来自我执，我执来自无明（不注意视盲），一切都是从它开始的。”

贪、嗔、痴、慢、疑，都落在霍金斯意识能量层级表的负向频率带中：渴爱欲望、愤怒仇恨、骄傲轻蔑、恐惧焦虑，这些都是隐形的地雷，情绪引爆点之下就是木马程序。当我们恐惧、担忧、害怕、不安、焦虑、被限制、不快乐时，心中的觉察警铃就要响起，侦测这座爆发的情绪火山底下，是哪一组木马程序在发作？按下情绪暂停键后，进行清理和转换，不要让已经中毒了的程序继续运作。我们可以回顾一下，在什么情况下会突然暴怒？下面举几个例子。（见表8-1）

表 8-1

引爆情绪的事件	隐藏的木马程序
有人批评你、误会你、污辱你、损及你的权益	找出对方说的哪句话引爆了你的情绪地雷，这句话让你想起了什么类似感觉的事。找出这两件事的共同点，其背后就是一组你从未发现的木马程序。分析完后卸除所有与过去事件联结的引爆线，并将此情绪木马加入“自动扫毒”系统。下次再有类似的感觉或情绪要爆发时，记得直接切换到全新无木马程序的状态，不让这组木马程序继续无意识地发作
有人说你变胖、变丑	你之所以会不高兴，是因为你自己也这么觉得，对方只是说出你不满意自己的地方，要处理的是“觉得自己不够美”“在意别人的评价”的木马程序。健康比瘦、比美重要，内涵比外表重要，等你清理完这些木马程序之后，就不会再被类似的话激起情绪反应，就算是对方称赞你变瘦了、变美了，你也无所谓，不会在意

抓出引起自己暴怒或不开心的木马程序，不是说不允许自己生气，而是找到瞬间特别不能忍受、对其反应强烈的事件，找出“以后还会无止境引爆”的木马地雷——真假对错不是重点，因为事情会过去，但你生气的频率未来会把你带到什么地方？愤怒阻挡了你去往原先要去

的目的地。你是要继续花时间争辩自己是对的，还是让自己快乐，让大家快乐？只要你不去选择与对方相同的木马程序，无论他说什么，内在都不会与之呼应，也就不会有异常情绪与接下来引发的剧情。

13. 最害怕、想逃躲、担忧、烦恼、讨厌、排斥，甚至恨之入骨、恶之欲其死的人事物。

你所讨厌的，就是你内在最深、最不愿承认的木马程序，你的功课就在那儿，就像你以前上学时最讨厌哪科，哪科就是你要特别花时间去学习的部分。回想一下，是否曾经屏蔽或拉黑过谁的微信、微博？为什么？有没有这种情况，当你看到别人在朋友圈发旅行照片，就屏蔽对方，因为觉得自己的日子没他的那么好，这个觉得自己没那么好命的频率就是木马程序。

现在请你写出你最讨厌怎样的人，或是讨厌身边的人做什么样的事。请至少写出三项。

下面以我汇整的学员们的答案来做深度解析。

<u>案例 1</u>

学员 A 说：“我最讨厌专制的人，我爸爸就是很专制的人！”

我说：“你有发现自己也很专制吗？”

她说：“不会啊，我很随和啊！”

我说：“如果你真的是很随和的人，你应该跟谁都能相处得很好，对方是不是专制一点也影响不了你。”

她说：“为什么我爸不能用‘我的方式’跟我说话？”

她一说完，全班都笑了，大家都看到连她自己都没看到的“专制”。

案例 2

之前我说过自己讨厌迟到，有“焦虑时间不够用”模组，这个模组还反映在我超级讨厌别人插队，只要队伍前面有人插队，我一定会当场非常不客气地纠正。

这类事频繁发生，以至于我不得不反思：我为何对插队的反应比别人大？后来才意识到是因为我自己也讨厌排队。我讨厌的人身上，一定有我自己同样存在的特质，仔细探究我生气的原因，其实是如果有人插队，意味着我得排更久的队。所以木马程序既然是“我讨厌被浪费时间”，我就需要去重置自己对“浪费时间”的焦虑频率，戴上耳机听放松的音乐，让自己在排队时好好享受“移动冥想”的过程。

案例 3

学员 H 说：“我特别讨厌虚伪、虚假，讨厌别人在不同人面前有不同的嘴脸！”

我问：“你看到自己也有这部分了吗？”

他说：“我才没有呢，我很真！”

我说：“如果你看到这个‘很假’的人，你当场会表现出你的讨厌吗？比如调转头就走或是瞪骂对方？”

他说：“不会啊，礼貌上还是会客气地打个招呼。”

他一讲完就笑了，因为他发现自己也是如他所讨厌的人那样，在人前人后有不同的态度。

案例 4

学员 G 说："我最讨厌不遵守承诺的人！"

我问："在什么情况下你也会不遵守或无法完成承诺？"

她想了想说："当突然来了第二件马上要做的事时，就没办法准时完成第一件事。"

我说："对方也是！"

案例 5

学员 W 说："我最讨厌爱慕虚荣、爱攀比、爱吹牛自夸的人！"

我问："你如何辨认出对方是这样的人？"

她说："看到她穿着一身名牌，很嚣张的样子就是了啊！"

我说："如果你跟我一样看不出来哪些是名牌、哪些不是名牌，就不会看她那么不顺眼了。所以跟对方无关，与你自己在乎哪些事有关，这就是你的木马程序所在。"

案例 6

学员 K 说："我讨厌没有良心善意的人！"

我说："你觉得怎样的人是没有良心善意的？"

他说："就是那些不让座给老人家的年轻人！"

我说："你怎么知道那些年轻人没有良心善意？或许他的脚刚做完手术没法久站呢？"

案例 7

学员 S 说她很讨厌推卸责任的人。

我问她小时候印象最深刻的事是什么，她说父亲在她小时候经常跟她说“你自己做决定，自己承担后果”，所以她很怕做决定，因为很怕承担做错决定的后果，总希望有人能多承担一些。这就是她讨厌推卸责任的人的原因。

我说：“你其实是在潜意识里埋怨爸爸推卸责任，推卸父亲应该给女儿指引和支持你勇敢做自己的责任。你自己也不喜欢承担做错决定的后果，所以你得从这里设置新的联结：自己做决定，每个决定都可以是开心愉快的路径与结果。不要再让‘做决定＝承担不好后果’的恐惧频率支配。”

案例 8

学员 M 说：“我讨厌不听我说话、在微信上不回应我的人。”

我问：“你人生目前的主要问题是什么？”

她说：“找不到伴侣。”

我说：“你中了‘没有存在感’与‘孤独’木马程序，主要问题是你自己都没有听自己内心的声音，却想通过外寻别人聆听你、响应你来建立存在感。你要问自己：是何时开始感到身边没有人听你说话或回应你的？在过去哪些时候感到孤单，不被听到、不被看到、不被重视呢？这就是你要清除的木马程序，清除之后，你的主要问题才会随之解决。”

案例 9

有一次在候机时，机场贵宾室服务员告诉我，飞机晚点所以可以晚半小时再去登机口。二十五分后我正要走过去，听见整个机场都在广播我的名字，要我尽快登机，当时我怒气大爆发，心想我又没迟到，不是说会晚点半小时吗？我还提早前往了呢！就是因为这次**异于常人常理的超大情绪**，让我有机会深度探索这个木马程序是怎么来的。

原来小时候有一次同桌在上课时跟我说话，我正要回答她，却被老师误以为是我在找她说话，被老师当场制止。这件事对我的影响就是：我超级**讨厌别人“纠正”我**，所以一向“自律甚严”（完美主义模组），尽量不给别人这样的机会。但当我跳出来观察自己时，发现我也是“爱纠正、教训别人，不轻易原谅别人，得理不饶人”，甚至在课堂上制定了一堆必须遵守的规矩，以便随时有机会纠正别人。这个木马程序对我无意识造成的影响，就是会跟纠正我的人吵架，或是经常得理不饶人。

当我觉察到这个木马程序后，每次遇到情绪即将爆发之时，就会按停并立即拆除我将要引爆的地雷。但如果遇到真的需要“纠正”的场合，比如朋友的小孩在餐厅中大声哭闹，我就会用创意的方式跟他玩“手语与表情无声沟通”的游戏，这样的频率在第3级：宁静喜悦 /540，而不再是第 16 级：罪恶谴责 /30。

14. 你怎样形容你讨厌的人、喜欢的人和想成为的人，把他们的共同特质找出来。

前文已举过一位企业家的例子，他讨厌的人与喜欢的人的共同特质是“不负责任”，其反面就是“（过度）负责任→严重状态：控制狂”，这就是其木马程序所在。“想成为的人”也是一样的道理，他一定也想成为“负责任的人”。所以**你讨厌的人、喜欢的人和你想成为的人，把这三种人的共同特质找出来，其反面就是你的木马程序。**

15. 父母做过的事、说过的话。

有个学员说她的主要问题是“很容易认识人，但很难跟人有更深入的交往与交流”。我问她，记忆中父母对她讲过、让她印象最深的话是什么。她说有一次在看时尚杂志，翻到模特儿穿得很暴露的那页，父亲刚好经过，就对她说：“你以后绝对不要暴露成这样，会让我很丢脸。”我跟她说，就是这件事，让你形成了**无法与人亲近、怕暴露自己**的木马程序。

暴露自己＝羞耻

↓

你以为父亲觉得你不够好，所以要把自己包紧一点、藏得更深一点，以免暴露自己的内在缺点。

↓

相信自己不够好，怕与人深交会暴露更多缺点，所以没法敞开心与人交流，怕危险，怕丢脸。

↓

别人主动靠近，你会感到焦虑，怕别人看穿你，等别人进到你的私人领域想要更进一步深交，你自己会主动切断联结。

这个学员一听完我的分析，当场就点头说：“是的，谢谢老师，我的确害怕别人看到我的缺点！”

16. 矛盾点。

有个学员的座右铭是“满足当下，争取更好”，这两句话很明显是矛盾的，因为如果能满足于当下，就不必争取更好了。还有学员说她的梦想是嫁给胡歌，她微信的个性签名是“平平淡淡过一生，什么事都没发生”。我跟她说：“很好啊，你现在已经‘什么事都没发生’啦！”

我们可以回顾自己过去所想、所说、所行中是否有矛盾点，比如想富却仇富、想吃美食又怕胖、想赚钱但又想享乐玩耍、想要爱情又想要自由……矛盾点的拉扯张力会虚耗你的人生，所以请整合好你真正想要的频率。

17. 你想要怎样的超能力?

想要的超能力，其实代表着你隐藏的问题，或是还没被开发出来的潜能。所以你可以问问自己：为何想要这个超能力？目前没有这个能力，是被什么卡住了？

想要隐形

→为何想隐形？

→是不是觉得自己不够好，因为自卑怕被人看见？

→怎么解除“自己不够好”的木马程序？

→或是你想偷偷做什么事不被发现？

→目前“隐形衣”已发明出来了，若拿到，你想用来做什么？

→……（往下可继续问自己，探索你自己没发现的另一面）

想飞、想瞬间移动

→为何想飞、想瞬间移动？

→是不是想逃避现实？

→怎么解除“现在不够好所以想逃离”的木马程序？

→目前个人飞行器、可以瞬间移动的虚拟现实装备已经被发明出来了，若拿到，你想用它来做什么？

→通过想象力、冥想、意念也可以飞翔、瞬间移动，你想利用这个能力来做什么？

→……

想要会读心术

→为何想要会读心术？

→是不是“内在渴求爱、渴望与人深度沟通与联结”？

→怎么解除“孤独、渴求爱”的木马程序？

→目前科技正在研发心电感应装置，若拿到，你想用来做什么？

→……

想要帮别人治病

→为何你想帮别人治病？

→是不是“你不想看到别人受苦”，有“救世界”的木马程序？

→身体会透过疾病或意外的方式给我们重要的讯息，若一下帮他治好了，对方就失去了学习与领悟的机会。

以下几段话，可以作为深度筛查木马程序的补充参考。

一个人面对外面的世界时，需要的是窗子；一个人面对自我时，需要的是镜子。

——林清玄

你发出一个思想波，于是所有跟你有同样念头波长的人事物会找上你，你转到什么频道，就会看到或听到怎样的节目。我们才是外在事物的起因，外在世界只是我们内心的缩影，只是一个镜子，所以在同一个时间点上，我们送出什么振波就会回收什么振波，任何跟我们同频率的振波都会与我们产生共振共鸣，都会被引到我们身上。

——何权峰

“外面的敌人不一定对我们有害，有时候可以成为帮助我们的人。但我们自己内部的敌人，却永远在破坏我们心中的平静，最终摧毁我们的健康、我们的命运。”这里讲的“自己内部的敌人”，我们可以理解为木马程序，**知道我们缺点、弱点的人，才是我们的贵人**。也就是说，当我们看到别人身上的阴暗面，其实都是自己阴暗面的反射。

——刘德辅

在你生活周遭有太多你讨厌或不爱的人事物，那是因为你一直在排斥，所以他们总会一再出现，你必须学会生活的艺术——将它们蜕变成爱。当一切转化为爱的时候，这个世界所呈现给你的就全部都是爱。

——古儒吉

如果你觉得伴侣对你失去热情，可能是因为你也对他失去热情。当我们跟一个人越亲密，就越容易产生厌恶，因为他让你看到自己的真面目。别人最惹你讨厌的地方，通常也是你最受不了自己的地方。你是什么样的人，就会认为别人是什么样。你不能容忍他人的部分，就是不能容忍自己的部分。一个品德不好的人，就会怀疑别人的品德；一个对别人不忠诚的人，也会怀疑别人对他的忠诚；一个不正直的、不正经的人，就会把别人的任何举动都“想歪”，因为他就是那样的人。一个对别的女人有非分之想的人，自然而然地，也会猜疑自己的女人。

老遇到讨厌的事的人，往往是令人讨厌的人。喜欢挑人毛病的人，其实自己总是最有毛病。如果你很爱发脾气，你就会认为别人常惹你生气，每一件事都可能变成你愤怒的理由，你会把隐藏在自己内在的东西投射到别人身上。你会谴责每一个人、每一件事，因为你有太多的怒气，所以即使是一点小事也能引燃怒火。你内在是什么，就会被什么样的人吸引。你对外排斥什么，对内就排斥什么。首先你要深入内在，除非你内在的问题先解决，否则你不但无法改善，而且会制造更多问题。一个有控制欲的人，除非内在的空虚得到填补，否则就不可能放下别人，也难以解放自己；一个满怀怨恨的人，除非内在愤懑的情绪得到纾解，否则就不可能停止怨恨；一个爱嫉妒的人，除非内在能找到自信，不再跟人比较，否则就不可能停止嫉妒。你如果无法信任自己，就很难信任别人；你如果无法尊重自己，就很难尊重别人；你如果无法肯定自己，就很难肯定别人；你如果不能照亮自己，就不可能照亮别人。你约束别人，自己也会被约束。你越恨就越束缚，你越爱就越自由。当你掌控别人时，你同时也被掌控；如果你绑住别人，别人也会绑住你。你想想看，当你控制别人，不准他们做这做那，那如果他们不照你说的话去做呢？你会怎么样？你就会不高兴，对吗？你的喜怒哀乐是由别人来决定，你认为他们是被你掌控的吗？不，其实你总是被掌控的。以后当别人指责你的时候，不要再像以前一样，立刻去攻击或反击，你要开始反问自己，因为他们说的很可能是真的。如果不是真的，你又何必那么“当真”，对吗？你与每个人的关系，都反映出你与自己的关系。如果你不断与自己的内在冲突，那么你也会不断地与别人冲突。我们在感情中所遭遇的问题，就是我们内在的问题。我们吸引的关系，都反映出我们拥有的特质，以及呈现我们的内在自我。所以，关系出问题的人，不仅要检讨你跟别人的关系，也要反省你跟自己的关系。

他们之所以会安排在你身边，都是“有原因”的。因此，不要说不喜欢就排斥或试图逃避他们，因为他们都是“天赐的良缘”，你应该好好利用这个机缘来蜕变自己。

——何念慈

有人尖酸地嘲讽你，你马上尖酸地回敬他。

有人毫无理由地看不起你，你马上轻蔑地鄙视他。

有人在你面前大肆炫耀，你马上加倍证明你更厉害。

有人对你蛮不讲理，你马上对他胡搅蛮缠。

有人对你冷漠，你马上对他冷淡疏远。

看，**你讨厌的那些人，**

轻易就把你变成了你自己最讨厌的那种样子，

这才是“敌人”对你最大的伤害。

——扎西拉姆·多多

如何扫描、辨认出木马程序

找出自己的木马程序，这些是阻碍我们自由意志、让我们身不由己、力不从心的根源。我将前面提到的扫描、辨认出木马程序的方式，在这里做个整理，如下。

1. 根据**“歌词自动连唱”**原理，以“关键词直觉联想法”搜出潜藏在意识底层的木马程序，这些问句可参考《21天快筛清理木马程序主题手账》与《我丨镜》历。

2. 暗含“比较”与“标准”的词，如**“应该”**“你怎么没……”“为了你（或自己）好”“更好”（更美、更优秀、更富有、更有名、更健康等）……没有什么是“应该”的，让你感觉不够好、不被爱的，都是恐惧的木马程序。

3. **“如果你的愿望成真了，你最害怕什么？”**这句话就是搜出卡在你与愿望之间的木马程序的强力扫毒软件。

4. **快进筛检木马程序法**：你现在的这个念头，以及准备要做的这个行为，源头是出于“爱”还是“恐惧”？随时用“问自己”的方法来扫毒：这是不是自己的木马程序？

5. **深度快筛法**：如果这件事不做，这个梦想达不到，会怎样？若你感到不安、焦虑或不开心，就是中了木马程序。

6. 对未到的**未来默认“负向频率”**都是木马程序。

7. 问身边密友或家人，自己的口头禅是什么。通过口头禅，很快就能找到你的关键木马程序是什么。

8. 想法或话语中的矛盾点。

9. 梦想、愿望、理想、目标列表。

10. 找到与自己持相反看法的朋友，帮我们看到自己没发现的木马程序盲区。

11. 从喜欢的歌词、戏剧、电影中找到自己没察觉的木马程序。

12. 拿出一个空白记事本，或是用我们随书附赠的《21天快筛清理木马程序主题手账》，随时记下电影、电视、书、网络文章、别人对你说的话……其中有哪一句你很有共鸣，然后看一下与你内心真正想要的状态是否有矛盾之处。

13. 想想拜伦·凯蒂《一念之转》四个问题：“这是真的吗？我真的知道这是真的吗？当我一直持有这个想法，我会得到什么？当我没有这个想法时，我会怎样？”

以上13个方法已在前文详述过了，下面再提供另外两个方法。

14. **你人生最后15分钟想做什么？**

这个方法源自印第瓦（Indivar），我也曾拿这个问题到课堂上问学员们，发现这是一个强力搜寻木马程序的问句。在往下看之前，请先写下“你人生最后15分钟想做什么”的答案，以免破梗。

（1）**要去上厕所**。

你背负太多自己或是别人给你的压力，活得很累，想卸下重担。应该重新审视哪些可以不需要，就像背包太重无法登山，船或飞机放太多东西也无法承载，再不卸重，整个人生都耗费掉了。

（2）**要把自己打扮得美美的**。

你怎么到生命将尽的最后一刻，还在意别人对你的看法？你有“觉得自己不够美”“在意别人对你的评价”的“不自信”木马程序。你的人生花了太多时间在“让自己看起来很美”，人到最后都会化为骨、化为灰，你见过“美美的灰”吗？

（3）**要把自己洗干净**。

你有很强烈的觉得自己“不干净”的负罪感、羞耻感，这会影响到你的人际关系、亲密关系，你会怕别人靠近你，因为你也经常觉得别人脏（因为这是同一个投影源）；你也怕靠近别人，总是找你信赖的人帮你隔离陌生人，这就是你的木马程序。

（4）**要好好陪家人**。

你觉得陪家人的时间不够，但其实问题不在于时间长短，而在于相处质量，如果你跟家人在一起时都在忙着看手机、想自己的事，没有全然地跟家人在一起，你永远都会觉得时间不够，人生最后就变成遗憾！

（5）要跟妈妈说“请原谅我，我很爱你”。

你现在跟母亲的关系，是你人生的最大课题。你可以每天花几分钟好好跟母亲说话、相处，不要等到最后一刻来临才发现，时间都花在误解与疏离上。2017年我带一个欧洲团参观诗人济慈的墓，出来后一个团员跟我说：“老师，我不知道为什么，感到膝盖无力。”我问她：“你生命中最无力的时候是何时？”她说：“母亲过世的那天。”她一说完就哭了。我跟她说：“母亲过世后，你感到无力的痛还在你身上，要找个时间好好面对与处理。”

（6）要尽快安排身后财务，以免钱流到自己讨厌的前夫那边。

你的“控制”“不信任”“恨意”已经占满了现在的人生，生命就这样被木马程序耗光了，如果你真的只剩最后15分钟，你现在想或做这件事还有意义吗？

（7）要向爱的人告白。

你中了害怕被拒绝、对自己没自信、对爱不信任、恐惧、没有勇气的木马程序，这是你目前最需要处理的木马程序。

（8）要去睡觉。

很明显，你平常休息不够、睡眠不足，忽视健康去忙许多事，现在必须把焦点放回自己的身体，这样将来身体才不会以疾病或意外的方式逼迫你休息。这个答案就是提前警示你已偏离了生命主轴，所以现在就解决这个“轻忽自己身体健康，只忙于追求无穷无尽目标”的木马程序，等于帮你省下未来数十年处理病痛的时间，可以拿来好好创造你真正想要的生命，好好享受清醒的时间。

（9）要好好回顾生命。

你现在每天都可以花15分钟回顾生命，不必等到最后一刻，因为那时候不一定有15分钟可以回顾。

我曾在课堂上问学员：“你比较怕死，还是怕长生不老？如果你的答案是‘怕死’，表示你还没好好活过；如果你的答案是‘怕长生不老’，表示你的人生还没活出意义，人生太长会很无聊。如果你两个都怕，表示你不仅没好好活过，而且还过得挺无聊。”

（10）要安安静静独处、冥想、念经、准备死亡。

我问：“为什么要念经？”

她说：“这样死后就可以去更好的地方。”

我说：“现在就是最好的时刻、最好的地方，可是你并没有好好活在当下，一直错过当下，永远都在忙着准备未来，所以请好好活在此时此地，就能突破你‘焦虑未来’的木马程序。而且你的人生被许多杂事占满了，没有足够做自己的事和独处冥思的时间，所以从今天起，每天一定至少要留15分钟时间独处、冥想，让每刻都是最好的一刻，不必再做任何事，死而无憾。”

我在课上都会先请学员写下人生想要完成的梦想，再带学员做“死前七分钟生命回顾练习”，之后请他们再重写人生想要完成的愿望，往往答案很不一样。这就是意识与潜意识之别，我们可以从那些做完回顾练习后不再出现的愿望中找到木马程序。

（11）**想跟大家道谢**。

我突然问她：“你有跟自己道谢吗？”她瞬间就哭了。

我继续说：“每天花几分钟，不仅跟周围的人道谢，最重要的是跟自己道谢！”

现在请你看一下刚才写的“你人生最后15分钟想做什么”，然后找出自己目前的木马程序，并思考如果把频率从恐惧、担忧调回到爱与信任，可以怎么破解这些木马程序？

15. 我在教木马程序课时，会请学员先把以下这两张课前问题单填好，带到课上来找木马程序，大家也可以通过填写这两张表格，让潜藏在意识底层的木马程序浮出来。

（1）关于人生的木马程序问题单。（见表8-2）

表 8-2

	问句	你的答案	找到的木马程序
1	现在人生中最主要、最困扰你的问题是什么？		
2	写下你此刻对“生命”这两个字的第一感觉、第一个画面。 （延伸问题：健康、自己、幸福、爱、快乐、金钱……） 这些“第一感觉”如果是你的潜意识，它已经创造什么？ 如果是负面的，怎么改写成正向的、自己相信的句子？		
3	你最讨厌怎样的人？是谁？ 他们身上有哪些令你讨厌的特质？ 或是他做过什么很令你反感的事？ 然后反思你自己身上是否有这些特质？ 一定有，请不要躲避地把它们都揪出来！		
4	你最烦恼、担忧、害怕、恐惧、被局限、痛苦、痛恨、悔恨的事是什么？请至少写出十种（无上限）。		
5	目前为止你最难忘、最开心、最想知道、最得意、最爱的是什么？ 请至少写出十种（无上限）。		
6	你最怕谁生气？		
7	写出你人生目前为止的十件大事（请依重要性排序下来），然后标明这十件事分别代表的频率。（L代表爱，F代表恐惧）从中找出隐藏在其中、目前还在影响你的木马程序。 想一下，如果这十件事是创造你未来的十个关键起始能量，那会创造出怎样的能量、过程、剧情、结果？ 然后再检查一下，哪些是你不想要的？ 接下来该怎么改写这十件事的诠释？怎么调整你的频率？ 现在必须有哪些频率与行动来逆转命运？ 等你调整好了频率之后，播放令你感觉喜悦开心的音乐，再重列你的人生大事纪，与之前比对，有哪些不同？		

（续表）

	问句	你的答案	找到的木马程序
8	列出你人生的十大创伤事件，依伤害程度从最大到最小排序下来，并写下你的感觉，对你现在造成哪些影响（正面或负面）。 这些会对未来造成怎样的影响？ 然后检查一下能量频率带在哪儿？ 怎么调整或是“重新诠释”这些事件？		
9	你的父亲、母亲、家人、兄弟姐妹（或独生子女）、同学、孩子、老师、最好的朋友（包括过去已不再联络的朋友）、伴侣（包括过去已分手的情人）、亲戚、同事、主管、路人甲……曾说过让你觉得受伤的话，或是做过让你伤心的事有哪些？检查一下哪些还存在你脑海中？你的感觉是什么？ 这些频率在哪个层级？ 对你现在造成哪些影响（正面或负面）？ 会对未来造成怎样的影响？ 你要怎么转换？		
10	你想要重回、重改人生哪个时刻？ 对于感到遗憾的事，如何暂停时间，回到关键点（奇异点），找到自己与集体的重复模式，改变重复性剧本？ 你会选哪些记忆来重新剪辑、重新诠释？ 就像电影《视界战》一样，你有一百万种诠释的方式，置入不同角色，重演并覆盖原联结，就能改写命运格局与维度，重新决定现在与未来，好好发挥自己想象力与改编生命剧本的能力吧。		
11	你父母曾说过哪些话或做过哪些事，让你印象深刻？		

（续表）

	问句	你的答案	找到的木马程序
12	询问身边十个跟你很亲近的人，问他你最常说的口头禅。 最常跟人说自己过去的“创伤、悲惨经历”是什么？（详述你是怎么说的）		
13	写下自己有哪些特点、缺点？哪些地方需改善？ 这些形成了你的哪些优势？ 造成了现在或过去哪些问题？		
14	什么情况下你会感觉到孤单？ 当你觉得孤单时会怎么做来解决孤单感？ 你对这个世界不满的地方是什么？ 想离开世界的原因（事件）？ 对你现在造成哪些影响（正面或负面）？ 这些会对未来造成怎样的影响？		
15	请在自己的微博、微信中，将自己的个人签名截图，看看是什么？（如果还记得过去写过的最好）		
16	写下你自己最喜欢的歌曲中，印象最深刻的歌词。 你印象深刻难忘的戏剧对白、书或网络上的座右铭是什么？		
17	写下今年到现在为止的十件大事，依重要性排列下来，并列出频率在哪个层级。 这是正在影响你现在与未来的频率，想一下，如果这十件事是创造你未来的十个关键能量，那会创造出什么样的能量、过程中的剧情、结果？ 然后检查一下哪些过程与结果是你不要的，该怎么调整、怎么改？		

（更多抓出木马程序的问句，请详见《我丨镜》历）

（2）关于金钱的木马程序问题单：这些问句都是X光扫描机，能够找出你的金钱流障碍，协助你辨认出挡在你与金钱财富资源之间的玻璃墙，搜出至今仍影响你的金钱木马程序。（见表8-3）

表 8-3

	问句	补充批注	你的答案	找到的金钱木马程序
1	父亲、母亲、老师、同学、好友、同事、伴侣……你印象中与他们有关的金钱的事。			
2	写下你此刻对“富裕”的第一感觉。（延伸问题：金钱、贫穷、负债、有钱人、贫民……）			
3	你想要什么但觉得很贵？ 你的梦想是什么？ 你的梦想很贵吗？	你想要什么但觉得很贵？你觉得这东西没那么值钱，这才是问题。书、旅行、表演、音乐、电影……与贵不贵没关系，问题在于你是否看到价值。如果觉得贵，把自己拉到比现在更富有的状态，看看这东西不贵的价值线在哪儿。		
4	你为何想要这个？ 你有了这个之后，会为你创造出什么样的价值？ 生活会有怎样的改变？			

（续表）

	问句	补充批注	你的答案	找到的金钱木马程序
5	你能为此付出的“不觉得贵”的价格，与实际价格的落差部分，你能不能创造什么可能大过这个差距的价值？ 例如想去旅行，但自己目前只能付一万，但旅费要三万，那么能不能在这趟旅行过程中或是结束后，创造出至少两万以上的价值？如出书、演讲等。			
6	钱可以为你做什么？ 有钱对你的好处是什么？ 如果不通过金钱，能否通过其他合法途径或方法得到这个（或是类似）你想要的感觉？			
7	如果你将来身无分文，你觉得会遇到什么样的问题？			
8	如果你将来成为亿万富翁，你觉得那时候会遇到什么样的问题？最大的坏处是什么？			
9	你觉得自己很难成为超级有钱人的原因是什么？			
10	你觉得赚钱容易吗？抓着“赚钱不容易”的好处是什么？			
11	你是否有这个木马程序：钱是有限的，要省着花？			

（续表）

	问句	补充批注	你的答案	找到的金钱木马程序
12	你是否有这个木马程序：为了省钱，宁可多花时间？			
13	你是否有这个木马程序：付款拖到最后一天？			
14	你把时间花在哪儿？ 花时间在关注什么？做什么？ 请画出你的时间分配比例图。	审视你一天的时间拿来做什么了？你怎么过一天，就怎么过一生，因为你的频率放在时间的动能器上，加速放大的效应，会创造出你的实相。 玩手游其实是让怪兽来杀你的注意力与时间。 这些时间原本可以拿来观察大自然、思考、看书、学习、创作、运动…… 你只有短暂的生命时间去体验人生，所以不要浪费时间在不重要的事情上。 重新选择你要的现实，把时间花在上面。		
15	在你眼中，有钱人是怎样的人？贫穷的人是怎样的人？			

填完这张表格之后，再依据书中提到的各种破解法，来帮自己一一解除木马程序。

木马程序是情绪的隐形地雷，也是默默在生命中运作的非自主设定，把焦点放在觉察自己的情绪：自己为何对此有反应？自己为何被这个新闻、文章、戏剧、歌曲、人……所吸引？这些频率为自己创造出了什么问题？

找到至今还在影响你的木马程序，深度挖掘出潜意识中让你不自由、活得越来越不像自己的模组。每一个念头、反应、感觉、决定、行为……先检查、辨认一下，是出于恐惧还是爱？你要诚实并认真地找出自己人际、健康、梦想、金钱……的木马程序，逐一深度清理、自动修正、恢复原厂设定并重新覆写程序代码，以免以后爆毁自己的人生。记住，爱是破解恐惧木马程序的唯一方法！

如何破解木马程序

依据前面提到的各个破解木马程序的方法，整理如下。

特定木马程序的破解之道

1. 如果“爱情疑心病”再度发作，先暂停，不要把这个频率发射给对方，让自己从原本的角色中跳出来，置入对方的身体里想一下：若此时你面对这样的质疑，你会感到如何？会不会想躲离对方？

2. 中了“抱怨模组”的人无时无刻不在抱怨，你只需问他：“这个世界上有谁是你不抱怨的？”一句话就能把他从木马程序中敲醒。

3. 破解“争抢模组”的问句是：“跑那么快，要跑去哪里？”“究竟是要争赢，证明自己是对的，还是让自己快乐，让大家都快乐？”花开花谢自有时，大自然没有进度表，更没有拖延症，资源永远够用，不要让焦虑匮乏的能量频率浪费了原本可以拿来“无中生有”的创造机会与时间。

4. 若遇到“非争不可、不争会死”的人，可以问他：“你究竟是要花这么多时间争赢对方，还是要拿这些时间做更重要的事？”或是问他：“你赢了，然后呢？”或是“你准备奋战到什么时候才结束？到死前那一刻吗？”

5. 控制狂如果失眠，那是因为他想要控制“身体睡眠的进程”，一旦不在这个时间睡着，焦虑的频率会使他更难入睡。所以放弃“必须几点睡”的想法，允许自己任何时候睡都行，放松之后，失眠才有机会解决。

6. 爱情控制狂可以试着养狗，因为狗会教你无条件的爱，教你释放控制欲。

7. 破解“单身焦虑”木马程序的关键是：“你究竟是要真正的幸福，还是表面上有伴就行？”

8. 你最害怕、想逃躲、担忧、烦恼、讨厌、排斥、痛恨的人事物，在你自己身上一定也有这些特质！

解法1→试想，如果你是对方，你为何会这样对自己？电影《身体》《前目的地》就是把自己置身于加害者的角度，用类似家族排列的方式去理解对方为何会这样做，探查“爱变质为恐惧”的原因。还有另一个角度：以彼之道还施彼身，受害者以同样的态度（非行为）反击加害者，让已经习惯性羞辱人的对方感受被羞辱的感觉，然后瞬间惊醒。电影《羞辱》讲述的是因被托尼言语羞辱而以拳反击的亚西尔，被起诉入狱，出狱后他去托尼家以同样的言语羞辱了对方，托尼也气到反击，就在那一瞬间原本是“被打”的被害者，瞬间变成“加害者”，托尼出拳之后突然惊醒并了解为何对方会气到想打他，于是他就被这个“类惊吓”弹出了“加害者—被害者”的循环中。

当我们没有了木马程序，所有的恐惧都会还原回爱，而这个“因理解而宽容”的频率，在霍金斯意识能量层级表中是第6级：宽容原谅/350。

也可以说，每个让你讨厌、惹你生气与不悦的人事物，都在打破你的局限，在挑战并扩张你的频率与行动能力，而不是在找你麻烦，把自己放在对方的角色里才能破解问题。

解法2→我若遇到一个令我非常反感、厌恶的人时，我会去看描述

"受精卵→胎儿→婴儿出生"过程的影片，想象那个人是这样出生的，被他的父母爱着，小时候的他可能经历了什么才会变成现在这样。如果有一天他离世了，在他的墓碑前想一下，对方真的有那么坏吗？我没看到对方哪些好的一面？

解法3→把视野拉到最高，俯瞰全时间、全空间，或许对方插队是因为他飞机快赶不上了，或许服务员心神不宁总出错，是因为她的孩子正在医院里没人陪……如果我无法全面了解对方过去发生了什么，就不应该以狭隘的此刻现况来批判对方——评断、批判越多，表示分别心越多，维度就越低。当你接纳任何一个进入你生命的人成为你的贵人时，当你允许每个人都如其所是，他们就改变了，因为水与海的思维不同，大我即富裕频率的开始。

绝大部分木马程序的破解之道

1. 琳内·麦克塔格特（Lynne McTaggart）在《疗愈场》中说："你今天所想的一切，决定了你明天的人生。"你可以**将自己与身边亲友的对话录下来**，或是记下今天的所言、所思、所行，回放一下就能轻易发现经常重复在说的词是什么，从而快速找到你关键的木马程序。把自己当成客观的旁听者，最好手上拿着**霍金斯意识能量层级表**，一句一句地比对该句能量落在哪个频率中，是200以上，还是200以下。通过自己不断重复说出来的词句，找出“鬼打墙”的木马程序，并将这组词句列为**扫毒关键词**，只要自己又产生这样的想法，扫毒软件就可以实时发出警报，提醒自己立即中止这组木马程序，以免无意识地直抵自毁的结果。

2. 大自然无界，人生不受限。人给自己画界线、定标准，再忙着突围、跨栏与撑高，忘了线原本就不存在，大自然万事万物都是人的指导老师，记得随时**向大自然借智慧**。

3. 没有很难，只有决定。**中止目前惯性的生活轨道，清醒地拔高维度、视野，俯瞰生命从始至今的过程，以更高维度的生命视角，以及正面的能量、态度、频率，重新看待、改写或诠释过去**这些伤痛带给你的珍贵的成长与体悟。以电影《分歧者：异类觉醒》的“一指点破玻璃法”，瞬间脱困，以新的脑神经回路取代旧的联结（至少需要持续21天，最好能持续三个月以上，才能让你的新反应联结稳固，旧的联结会因疏于使用而功能消失），以爱取代恐惧害怕的频率，这样才能改写自己未来的人生剧本！

4. 消灭敌人最好的方法，就是把他变成朋友。想要克服恐惧，就邀请它来做你的朋友。**不怕没有，不怕失去，才没有恐惧**，越是你在乎的人事物，越是要思考：如果有一天它不在了，你会如何？

5. 在一天中任选几个时段，**以演员的角度来过生活**，想想如果换各种心态频率来演，会有哪些不同？电影《忽然七日》（*Before*

I Fall）中有一段话：“永远只有今天，当下即永远，唯一跳脱剧本轮回的方式就是‘改变’——改变心态，改变行为。”改变本身不会痛苦，只有抗拒改变才痛苦，就像电影《与我同行》（*Walk with Me*）中，一行禅师随时以钟声中断梅村禅修中心的生活惯性，觉察自己在被打断的**当下正在想什么、做什么，**什么还在动，哪些还在木马程序中。相关电影如《楚门的世界》《奇幻人生》《每一天》《一天》都是你的参练影片。

6. 强项频率平移到弱项法：将自己比较没有木马程序的强项，平移对照自己的弱项，进而找到破解之道。例如：有人对金钱不设限，却对爱情设限；有人对爱不设限（无条件的爱），却对金钱设限——以自己的强项能力，去处理弱项环节。每个人都有强项与弱项，把时间放在自己的强项，我们可以变得更强。但如果我们不花时间去处理、面对自己的弱项（如黑暗面、脆弱面、逃避的功课），那么未来某一天，这些弱项就会反扑回来，就像在一个没有地基的地方筑高塔，迟早会被掏空继而倒塌。

7. 先调好频率再说话、反应、做事、生活。每天养成晒太阳、运动、瑜伽、静坐、冥想的习惯，每隔一段时间就去度假或是闭关。平时尽可能保持觉知放慢，随时随地让自己以**“吸生吐尽呼吸法”**慢慢深呼吸：吸气的时候，当成是自己刚出娘胎吸的第一口空气，吸到饱，然后把意识停在这个片刻一会儿，接着再以“人生最后一口气”的方式，把气慢慢吐尽。每一次有觉知的呼吸，你的内在都会有所改变。当你愿意改变，你就已经是不一样的人，这是最快也是最方便的“重置人生法”。

8. **音频振碎木马程序：**当外界传入的振动频率恰巧等于物体的自然振动频率，就能引发共鸣。大家可以上网看一下关于“格拉肖共鸣”的解说影片。所谓的“格拉肖共鸣”实验就是在玻璃杯中放入一支吸管，然后以各种乐器对着这个玻璃杯（不要碰到杯子）发送声音使吸管振动，只要能量足够，且杯里、杯外的频率共振共鸣，杯子就会瞬间碎裂。另外也可以上网搜“音流学”①相关影片，可以看到音波的频率越高，沙子的形状就会变得越复杂，可以理解音乐是如何影响物质世界以及人类身体细胞的。

18世纪瑞士科学家汉斯·詹尼（Hans Jenny），经过十年的实验得出结论：声音振动能改变分子结构，比如舒缓的音乐能与整个身体共振，减慢心率，使人平静，达到和谐、平衡的状态。另一方面，声波频率也会引起人们心理上的反应，和谐的声波能提高大脑皮层的兴奋性，改善人们的情绪，消除心理、社会因素造成的紧张、焦虑、忧郁、恐惧等不良心理状态，并增强应变能力。当我们身心平衡时，会感受到无限的爱，同时也向世界发出我们和谐的振动频率。

有研究者认为：

---

① 音流学：使声音形象化、可见化的过程。借着改变振荡器的频率，沙子、水或其他用来创造看得见的声音媒介物质，会变形成有趣的形状，且频率越高，这些形状会显现得越复杂。

当两个系统在不同的频率振荡，这种能量转换到另一个面向叫作“诱导作用”（entrainment），造成它们对齐且在同一种频率中振动。**当我们被治愈的频率诱导同步，我们的身体与心神会和谐地振动**。这些频率包括：

285 Hz：指示细胞跟组织治愈，让身体感觉被更新。

396 Hz：解放愧疚和恐惧，让情绪有出路。

417 Hz：使人消除紧张感。

528 Hz：据说可以使意识觉醒。

639 Hz：这是跟心有关联的振动频率，感觉爱自己及爱他人，直到人我无别。如果要平衡人际关系，可以听听这个频率。

741 Hz：可以帮助人们有信心与能力去实现他们所希望的事。

852 Hz：使直觉觉醒。

963 Hz：刺激松果体，并将身体调整到最佳、最原始的状态。

当然，还有其他更多的频率，甚至根本不在人类听力范围之内的频率也有治愈功能。

现代声音治疗先驱者之一，强纳森·高曼（Jonathan Goldman）在《声音疗法的七大秘密》一书中提到：人体是一个振动源，**它的每个器官、骨头、组织以及生理系统都有自己的振动频率**。这些频率加起来就组成了人的振动频率。人像一个交响乐队一样，只要身体的一部分振动不和谐，身体就会出状况，因而产生疾病。而**声音治疗的原理在于声音振动进入人体后，能改变人体的振动频率，使身体与之共振，改变失衡部位的振动频率，使身体重新回到平衡状态**。人的生物节律得到调节，组织细胞发生和谐的同步共振后，心率快慢、呼吸节奏、脉搏起伏、胃肠蠕动，甚至肌肉收缩舒张都得到良好的调节。和谐的声波对中枢和内分泌系统是一种良性刺激，促进身体分泌出有益于健康的激素、酶类、乙酰胆碱等生命活性物质，刺激腺体分泌抵抗病菌感染的腺液，并促进人体的新陈代谢。声音疗法还能够减轻或消除紧张，缓解各种疾病，也能让身体的细胞、腺体、器官以及各个循环系统高效运转，全身放松，呼吸畅快，大脑清醒，感情就会得到升华，从而摆脱消极情绪的困扰。

我过去巡讲都会在现场带领大家练习“动态调频冥想”（先躺下，再随音乐站起来舞动身体）[①]，大家也可以用想象力来导引自己：想象自己躺在太空舱中被更新，以X光扫描从头到脚并清除所有木马程序（卡住的地方多扫几次），扫净所有的恐惧、担忧、不信任、愤怒、自卑、压力……然后以强烈水瀑清洗每个细胞、血液、组织、系统（瘀塞的地方多冲几次），直到感觉身体变成全透明状态。脱掉剧本角色，把自己的灵魂释放出来，解散在整个宇宙太空之中，恢复无限自由。想象自己已经下载全新的软件：信任、爱、勇气、创造力，以及完美的身

① 《木马程序网络课》《李欣频进阶四堂课》上都练习过这个冥想，可以参看这两堂课的网络课，《音乐欣频率》《音乐超频率》中也有类似主题的冥想导引。

心灵健康模板，再输入“无条件的爱”“安全感与信任”“坚定的自信与天赋能力”“自己已完美”的频率，饱满每一个细胞，并以**信任身体、信任生命、信任爱**来定频。让全新频率的现在，没有任何过去木马程序的痕迹，把现在的感觉列为指标，之后若有任何外在人事物不符合此频率，或是旧的频率模组又跑出来，马上清扫并移除木马程序，然后回到新的软件频率。

做完深度清理、解除木马程序之后，你将有能力建立一个全新的潜意识创造场，并配置扫毒软件，之后若有任何不当的木马程序要入侵我们的潜意识创造场，马上就会被我们侦测、处理或转换掉——我就是这样定期移除自己的木马程序，瞬间解脱，平静轻松，身体不易生病，也不会造成自己与他人生命的问题。此方法随时可做，每天都做，或是至少每周一次。大家平时可以收集“让自己瞬间宁静”“重振希望与生命活力”等各种帮自己疗愈或调频的音乐，只要把身体的每一个细胞频率与高频音乐对准，当内外频率完全一致，中间不符合该频率的木马程序就会自动破除。大家可以随时通过音波的强大振动，帮自己瞬间一次性震碎所有的木马程序。

小结

如果对已经发生的过去不开心，就会对未来投射焦虑，只有清空过去，回到当下，才能解除焦虑，因为当下是切到所有可能性的点，没有当下就会失去力量。从负面情绪中觉察、觉知，打破恐惧幻象，剥除成见标签，并找出自己自出生以来所有藏在潜意识里的木马程序。放掉旧的信念系统，突破限制墙，把自己叫醒，保持清醒并打稳生命地基，拿回自己的原力，以最大的弹性，进行大幅度的蜕变。每当我们处于愤怒、焦躁、恐惧、担忧、沮丧、茫然、身心俱疲的状态，就是我们可以重新选择的机会：脱离恐惧、担忧、疲累的重复回旋圈，重新决定你是谁，你要创造什么。让不属于自己的旧能量模组、不当的压力、不符合自己所需的目标期待顺势崩落，使内在恢复平静、和平、信任、力量、安全感。但这需要你把宝贵的生命时间从混乱干扰的信息场中抽离出来，重新聚焦于自己的身心，因为你花在哪个频率带上的生命时间越长，就越代表你自愿选择把能量定在哪里，创造你的新决定、新方向，就是你即将活出的内在真实的坚定意愿。

第九章

+

掌握了木马程序的开关
你可以从玩家瞬间晋级
成为人生游戏的创造者

—

chapter
nine

带着愤怒的频率说或听，真诚的建议就变质为抱怨或指责；带着骄傲得意的频率说或听，善意的分享就变成炫耀、瞧不起对方；带着渴爱欲望的频率说或听，给的爱就变成控制对方自由自主，令人喘不过气的紧张压力。觉察是木马程序的解药，借用电影《星球大战》“原力觉醒”的概念：从木马程序中醒来，启用原有的天赋自由力量，能量在爱、信任、勇气、喜悦的正向频率带上，清楚自己的目的地在哪里，并去观察自己现在的状态、频率能不能带你到达那里——心中有一个明确的目标，知道自己要到达的状态是什么频率，路程中的一切阻碍都不会成为限制。

《未来预演：启动你的量子改变》一书中提到一个很重要的概念：改变必须同调，你的想法与感受必须一致（解除内外不一致的木马程序），你不可能用旧的自己换一个新的未来。只有当意念、情绪、潜意识、无意识与未来同频才能瞬间完成，心念所预演的未来才有能力发一致的信息波到量子场，让改变瞬间发生，而使你成为一个量子创造者，脱离 “因果”（轨道）来到了“造果”。要对你想要的事物持有明确的意念与相应的频率，但要将“如何达成”的细节留给不可预知的量子场（放掉“控制”的木马程序，转为“信任”频率），它将会以最适合的频率呈现出来，你必须信任与放手。人们总是想以过去的经验思维，重新创造未来，预测或分析事件会在何时何地如何发生，但这只会让你回到旧身份的思维轨迹。信任与放手的能量会让事情自己显化展开。

勇敢的人跳出框架，智慧的人帮大家移除框架。移开挡住我们的木马程序之后，在全观明晰视野下，你是要健康还是美丽？要家人还是要面子？要生活质量还是要钱？要爱还是婚姻？聪明者争赢在竞技场，智者则在竞技场之外。聪明带来财富与权力，智慧带来快乐与平静。聪明是一种优越争赢的生存能力，智慧是一种大家一起好的生活境界。没有智慧，聪明只是被自以为厉害的头脑木马耍着玩的把戏。木马程序让我们看见自己的框架，明白自己在演哪出戏，并且重新审视自己现在到底站在哪里。看得清，我们就可以有无数种诠释方式，把悲剧变成喜剧，解除在原地打转的状态。如果人生所见处处是框架，那就是我们还没有搞清楚自己要去哪里，到底要什么，才会游走于框架之间，失去心中的真正自由。

我们都是自己生命剧本的主人，所有的框架，我们都可以用创意的视点突破、重新诠释。任何一组木马程序限制我们的同时，也给了我们一个出框的机会。所谓的自由，并不是改变现况，而是改变视野。例如眼前有一个巨石挡在路当中，依你原路往前（旧的自己）的频率来看它是障碍，但如果你把自己拉到广大的、新的未来俯瞰这个石头，或许就能看到提醒你转弯、另寻路径的告示——认清限制并非阻碍，而是让自己知道还有其他的选择。也就是说，**挫折与失败是旧思维、旧频率下的定义，不要停在原地怨天尤人，把自己换到“视之为提醒、跳板、转机”的视野，就能立即将挫败沮丧的能量转为眼前看到全新路径的喜悦与感激**。这就是爱因斯坦所揭示的：每个事物都是能量，当你的频率与想要的事物频率吻合就成真（把愿望的频率，调准聚焦到已达成的频率），这不是哲学，而是物理学。

当我们拉高视野，俯瞰人生剧场，想想如果自己的人生没有半点木马程序，整个世界也全都清理完了木马程序，就好比电影开演才讲了三句话，你就知道结局，这样的人生岂不是太无聊？没有木马程序，也就不可能有电影、戏剧……的存在，这也就是我们潜意识舍不得放手的原因。所以我点出木马程序的意思，**并不是要你清除所有的木马程序，而是要觉察木马程序，明白自己在演什么，并且在清楚剧本的终极意义——“领悟爱”的情况下，看见有一百万种不同的频率可以选择**。有觉知地演，版本就会不同，这就是“演而优则导”，同时行使导演和演员最有意思的权利。

洞悉真实、头脑清楚、内心平静、只说重点、心口合一，永远不要为了任何理由而不去爱，永远要以信任、自由、天赋来决定要做什么或不做什么。不需要去批判还沉溺在旋转木马里的人，因为**人生**

就是一场自选课题，或是与玩伴的电玩游戏，身体就是我们体验的装备，灵魂是玩家。虚拟人生电玩游戏的目的在于帮助我们从不信任、焦虑、恐惧、愤怒、沮丧、不自信……的状态，调整回爱、信任、智慧、喜悦、创造……的状态，一如电影《头号玩家》所表达的：游戏的目的不是为了赢，而是体验人生的各种主题。电影《刺客信条》中提到的“信任之跃：无物唯真，诸行皆可”（nothing is true，everything is permitted）的概念就是“不入戏，跳出木马程序回到大自由”的破解密码——当你解开所有绑住你的木马绳索，完全信任地跳入未知，这个弹性轻装的玩家心态就是可以切换的新频率，这份信任就是立即调频、一步到位的解套解药与通关密码，亦能助人到达“三十而立，四十而不惑，五十而知天命，六十而耳顺，七十而从心所欲不逾矩”的最终境界。

在看完这本《人类木马程序》之后，如果你已经顺利找到捆绑自己人生的木马程序，你就有能力逐一破解它们，让所有的恐惧还原回爱，恢复完全自由且有创造力的生活，从而快速进级到新阶段。你将发现“奇迹博士”般的视野已无法逆转，你可以看见别人看不到的隐形木马，察觉到现在哪只木马正在发作，可以随时中止或是继续玩它而非被它玩；清醒地演，快乐地演，有随时入戏与出戏的自由，换一种没有限制的方式体验人生；而你也知道中止游戏的开关在哪儿——当你醒来，**此时此地已是无所不在，与生俱来早已无所不能！**

延伸阅读

/ 书籍 /

1.《谁说了算？自由意志的心理学解读》（*Who's in Charge: Free Will and the Science of the Brain*），迈克尔·加扎尼加著

2.《看不见的大猩猩》（*The Invisible Gorilla*），克里斯托弗·查布利斯、丹尼尔·西蒙斯著

3.《臣服实验》（*The Surrender Experiment*），麦克·辛格著

4.《一念之转》（*Loving What Is*），拜伦·凯蒂、史蒂芬·米切尔著

5.《任何人都会有的思考盲点》（*You Are Not So Smart*），大卫·麦瑞尼著

6.《治疗密码》（*The Healing Code*），亚历克斯·洛伊德、班·琼森著

7.《不抱怨的世界》（*A Complaint Free World*），威尔·鲍温著

8.《自律神经健康人 50 招》，小林弘幸著

9.《打造创意版自己》，李欣频著

10.《心诚事享》，李欣频著

11.《李欣频的环球旅行箱》，李欣频著

12.《李欣频的创意天龙八部》，李欣频著

13.《爱情觉醒地图》，李欣频著

14.《你的第二人生始于你明白人生只有一次》，拉斐尔·乔丹奴著

15.《未来预演》（*Breaking The Habit of Being Yourself*），乔·迪斯本札著

16.《如何成为有钱人》，和田裕美著

17.《灵性歧路》（*Spiritual Bypassing*），罗伯特·奥古斯都·马斯特斯著

18.《失落的致富经典》（*The Science of Getting Rich*），沃特尔斯著

19.《富者的遗言》，泉正人著

20.《零极限》（*Zero Limits*），乔·维泰利、伊贺列卡拉·修·蓝著

21.《喃喃》，扎西拉姆·多多著

22.《再活一次，和人生温柔相拥》（*Dying to be Me*），安妮塔·穆贾尼著

23.《幕后：一位觉者的实修日记》（*Enlightenment: Behind The Scenes*），马克·李维特著

24.《声音疗法的七大秘密》（*The 7 Secrets of Sound Healing*），强纳森·高曼著

/ 电影 /

1.《盗梦空间》，导演：克里斯托弗·诺兰

2.《起跑线》，导演：萨基特·乔杜里

3.《穿墙行》，导演：拉玛·布什顿

4.《那就是我的世界》，导演：崔成贤

5.《惊天魔盗团 2》，导演：朱浩伟

6.《荒蛮故事》，导演：达米安·斯兹弗隆

7.《我不是潘金莲》，导演：冯小刚

8.《羞辱》，导演：齐德·多尔里

9.《小玩意》，导演：戴荻

10.《不能犯》，导演：白石晃士

11.《喜欢你》，导演：许宏宇

12.《请以你的名字呼唤我》，导演：卢卡·瓜达尼诺

13.《小气鬼》（*Radin*），导演：弗雷德·卡瓦耶

14.《金钱世界》（*All the Money in the World*），导演：雷德利·斯科特

15.《奇迹男孩》，导演：斯蒂芬·卓博斯基

16.《奇异博士》，导演：斯科特·德瑞克森

17.《头号玩家》，导演：史蒂文·斯皮尔伯格

18.《刺客信条》（*Assassin's Creed*），导演：贾斯汀·库泽尔

19.《前目的地》（*Predestination*），导演：迈克尔·斯派瑞、彼得·斯派瑞

20.《小姐》，导演：朴赞郁

21.《知无涯者》（*The Man Who Knew Infinity*），导演：马特·布朗

22.《无问西东》，导演：李芳芳

23.《脑残粉》，导演：玛尼什·莎玛

24.《违命》（*Disobedience*），导演：塞巴斯蒂安·莱里奥

25.《被称作海贼的男人》，导演：山崎贵

26.《身体》，导演：玛高扎塔·施莫夫兹卡

27.《楚门的世界》，导演：彼得·威尔

28.《奇幻人生》（*Stranger than Fiction*），导演：马克·福斯特

29.《每一天》（*Every Day*），导演：迈克尔·苏克西

30.《一天》（*One Day*），导演：罗勒·莎菲

31.《忽然七日》（*Before I Fall*），导演：莱·拉索－扬

32.《茉莉牌局》（*Molly's Game*），导演：艾伦·索金

33.《最爽的一天》，导演：弗洛里安·大卫·菲茨

34.《最后的假期》（*Last Holiday*），导演：王颖

35.《我们的孩子足够坚强吗？中式学校》，纪录片

36.《天下无贼》，导演：冯小刚

37.《匿名者》（*Anon*），导演：安德鲁·尼科尔

38.《寻梦环游记》，导演：李·昂克里奇、阿德里安·莫利纳

39.《解忧杂货店》，导演：广木隆一

40.《叽哩咕历险记》，导演：米歇尔·欧斯洛、雷蒙德·比莱特

41.《血观音》，导演：杨雅喆

42.《喜福会》，导演：王颖

43.《相爱相亲》，导演：张艾嘉

/ 剧集 /

1.《相对宇宙》（美国）

2.《来自星星的你》（韩国）

3.《当你沉睡时》（韩国）

4.《佛陀传》（印度）